·语文阅读推荐丛书·

雷锋的故事

徐 鲁／著

人民文学出版社

图书在版编目(CIP)数据

雷锋的故事/徐鲁著.—北京:人民文学出版社,2022(2025.9重印)
(语文阅读推荐丛书)
ISBN 978-7-02-017251-1

Ⅰ.①雷… Ⅱ.①徐… Ⅲ.①学习雷锋—青少年读物②雷锋(1940—1962)—生平事迹—青少年读物 Ⅳ.①D648-49

中国版本图书馆 CIP 数据核字(2022)第 115699 号

责任编辑　李佳悦
装帧设计　李思安
责任校对　李晓静
责任印制　董宏阳

出版发行　人民文学出版社
社　　址　北京市朝内大街 166 号
邮政编码　100705

印　　刷　北京华宇信诺印刷有限公司
经　　销　全国新华书店等
字　　数　136 千字
开　　本　650 毫米×920 毫米　1/16
印　　张　13.25　插页 1
印　　数　56001—59000
版　　次　2022 年 8 月北京第 1 版
印　　次　2025 年 9 月第 15 次印刷

书　　号　978-7-02-017251-1
定　　价　26.00 元

如有印装质量问题,请与本社图书销售中心调换。电话:010-59905336

出 版 说 明

从2017年9月开始,在国家统一部署下,全国中小学陆续启用了教育部统编语文教科书。统编语文教科书加强了中国优秀传统文化教育、革命传统教育以及社会主义先进文化教育的内容,更加注重立德树人,鼓励学生通过大量阅读提升语文素养、涵养人文精神。人民文学出版社是新中国成立最早的大型文学专业出版机构,长期坚持以传播优秀文化为己任,立足经典,注重创新,在中外文学出版方面积累了丰厚的资源。为配合国家部署,充分发挥自身优势,为广大学生课外阅读提供服务,我社在总结以往经验的基础上,邀请专家名师,经过认真讨论、深入调研,推出了这套"语文阅读推荐丛书"。丛书收入图书百余种,绝大部分都是中小学语文课程标准和统编语文教科书推荐阅读书目,并根据阅读需要有所拓展,基本涵盖了古今中外主要的文学经典,完全能满足学生成长过程中的阅读需要,对增强孩子的语文能力,提升写作水平,都有帮助。本丛书依据的都是我社多年积累的优秀版本,品种齐全,编校精良。每书的卷首配导读文字,介绍作者生平、写作背景、作品成就与特点;卷末附知识链接,提示知识要点。

在丛书编辑出版过程中,统编语文教科书总主编温儒敏教授,给予了"去课程化"和帮助学生建立"阅读契约"的指导性意见,即尊重孩子的个性化阅读感受,引导他们把阅读变成一种兴趣。所以本丛书严格保证作品内容的完整性和结构的连续性,既不随意删改作品内容,也不破坏作品结构,随文安插干扰阅读的多余元素。相信这套丛书会成为广大中小学生的良师益友和家庭必备藏书。

人民文学出版社编辑部

2018 年 3 月

目　次

导读 ……………………………………………… 1

像春天般的温暖
——致少年朋友 ……………………………… 1

一　雪落湘江 ………………………………… 1
二　夭折的哥哥 ……………………………… 6
三　冷暖人间 ………………………………… 10
四　太阳升起了 ……………………………… 18
五　扬眉吐气 ………………………………… 23
六　饮水思源 ………………………………… 28
七　青翠的小树 ……………………………… 33
八　草鞋深情 ………………………………… 36
九　小鹰展翅 ………………………………… 39
十　团山湖的阳光 …………………………… 45
十一　纯真的友谊 …………………………… 53
十二　祖国的召唤 …………………………… 59
十三　意气风发 ……………………………… 63
十四　小渠流向大江 ………………………… 70

十五	忘我的人	……………………………………	74
十六	光荣的战士	…………………………………	80
十七	普通一兵	……………………………………	89
十八	百炼成钢	……………………………………	93
十九	钉子精神	……………………………………	99
二十	庄严的时刻	…………………………………	105
二十一	像春天般的温暖	……………………………	109
二十二	以国为家	…………………………………	115
二十三	爱心处处	…………………………………	120
二十四	涓涓清泉	…………………………………	125
尾声	痛失亲爱的战友	………………………………	130

| 附录 | 雷锋日记选 | …………………………………… | 133 |
| 知识链接 | ……………………………………………… | 189 |

导　读

　　1962年8月15日,是一个叫雷锋的青年不幸殉职的日子。六十年过去了,雷锋早已成为一个家喻户晓的闪闪发光的名字。雷锋精神,不仅成为激励、引导和照耀着人们寻美、向善、求真的一座明亮的灯塔,同时也超越了时空与国界,成为高尚、无私、爱心、忘我、奉献等美德的代名词。

　　自从雷锋的事迹被擦亮和传播开,特别是党的第一代领导集体向全国人民发出了"向雷锋同志学习"的号召以来,六十年来,各种版本的雷锋故事,以各种形式在社会中流传。著名儿童文学作家、传记作家徐鲁创作的《雷锋的故事》,在几十种广为流传的雷锋故事版本中,是文笔清新、优美和明快,人物形象和性格刻画得真实感人,家国情怀及价值观呈现得温暖、清晰和明亮的一个样板。

　　作者以舒缓的散文笔调,用一个个既可以独立成章又循序渐进、互相衔接的小故事,再现了雷锋短暂而又伟大、平凡而又崇高的一生,让今天的少年儿童跟随着雷锋叔叔成长的真实足迹,完整、清晰地看到他是如何从一个普通的农家孤儿,逐渐成长为一位奋发图强、不断追求崇高理想的少先队员、共青团员、共产党员,成长为一位高尚和伟大的革命战士的。

作者吸收了各方面不断挖掘和披露出来的最新的、鲜为人知的雷锋故事的材料,通过许多细节描写,还原了一个真实可信、质朴可亲、浪漫可爱、无私可敬的雷锋形象。

一代人有一代人的性格特征,一代人有一代人的精神追求,一代人也有一代人所钟爱的理想和信念。但无论是处于哪个时代的青少年人,有一点却是共同的,那就是:都崇尚青春,都爱美,都热爱生活,而且都富于朝气和梦想,都渴望着在天上飞……

雷锋也是这样一个"小青年"。何况他的青春年华正处在新中国诞生不久,站起来的中国人民扬眉吐气、意气风发,正大步迈向社会主义建设高潮的那样一个"火红的年代"里。

比如,和所有的少年、青年一样,雷锋也特别爱美,喜欢穿上新款式的甚至十分时髦的衣服,跑到照相馆里,留下很多"摆拍"的照片。我们今天会惊讶地发现,雷锋在那个照相机并不那么常见的年代里,竟然拍下了那么多珍贵的留影。这只能说明,雷锋是一个十分爱美、爱生活、富有情趣的"小青年"。

再如,雷锋虽然是一个从黑暗的旧中国走过来的孤儿,从小尝尽了贫穷、屈辱、愁苦和被人欺凌的滋味,但他心地善良、纯真、明亮。当共产党和人民政府把他从苦难的岁月里拯救出来,把他送进了学校,让他获得了一个少年应有的尊严、幸福和快乐,拥有了获得知识、追求进步和理想的机会之后,这个少年的内心一片欢欣和真诚。他像很多少年、青年人一样,喜欢文学和阅读,喜欢写日记、写诗歌。从小学时代的作文和演讲稿,到参加工作后写的许多散文和抒情诗歌,再到参军入伍后勤奋记下的一页页日记……我们透过雷锋对文学的热爱,不难感知他对生活、对身边的人和事物、对未来的热爱与憧憬。他的文字,是那一代青少年人心路历程最真实的流露。

雷锋牺牲时只有二十二岁。他的一生那么短促,却又多姿多彩、熠熠生辉。从他留下的一篇篇日记和一首首纯真的诗歌里,我们不仅看到了他在火红年代里走过的清晰的脚印,也真切地感受到了一个正处在青春芳华、心怀梦想的新中国青年,有如朝阳一般鲜亮、灿烂、昂然向上的精神状态。

在徐鲁的笔下,雷锋的形象和性格,是通过对他的生活细节、对他日常言行举止的描写,对他散文、诗歌和日记的采撷,得以凸显出来的。这是我们通过阅读徐鲁笔下的雷锋故事,可以首先获得的一种审美享受。但作者并没有停留在故事的讲述上。作者讲故事的最终目的,是要让少年读者们感受到雷锋情操的崇高、精神的魅力和人格的光芒。

雷锋的成长,是一步一个脚印,脚踏实地走出来的;雷锋的伟大,也不是惊天动地、横空出世般的,而是体现于极其平凡的、一点一滴的日常小事之中。春风最暖,春雨无声。

例如,雷锋节省津贴,买来许多新书,同时主动打造了一个结实的小书架,放在营房一角,供战友们借阅和分享;趁战友外出工作,利用有限的空余时间帮他洗衣服、补袜子;偷偷用战友的名义给他病重的父亲寄送救命钱;为了给国家节约物资,每次只领一套衣物鞋子……

在书中,雷锋助人为乐、忘我无私的精神,以国为家的情怀都是通过这样一点一滴的小事呈现出来的。雷锋有远大的理想和目标,但他从不好高骛远,而是从一点一滴、举手投足的小事做起,最终从平凡走向崇高;雷锋有正确的人生观和价值观,有高尚的精神品质、"毫不利己、专门利人"的精神境界,但这种人生观和价值观,这种精神品质和境界不是横空出世的。他是从一个爱美,甚至也有虚荣心,有一阵子还那么热衷跑到照相馆去照相的小兵,渐渐成长为一个"大写的人",成长为一名伟大的革命战士的。所以,我们阅读《雷锋的故事》,还需要看到、体会和感知从故事细节里散发出来的雷锋精神的光芒。

　　家国情怀是中华民族最宝贵的美德之一;歌唱祖国、礼赞英雄,也是每个时代的儿童文学图书中闪亮的主题和最动人、最灿烂的篇章。每一本"红色故事"都像是一粒神奇的种子。特别是革命先辈、英雄人物和一代代奋斗者的故事,滋养了一代代中国少年的成长,培育了一代代人根底牢固的家国情怀。这些书籍,带着中华民族自强不息、坚韧不拔、团结奋进的精神基因,具有种子一样神奇的力量。这些革命先辈、英雄人物、最美奋斗者,也都像是闪亮的星座,在照耀着我们,指引着我们,让我们敬仰、向往,引发我们的梦想和渴望。小读者们在阅读这些"红色故事"时,也就是在仰望人类群星闪耀的时刻。阅读《雷锋的故事》即是如此。

黄艾艾

(黄艾艾,青春文学作家、电视台青少年节目编导)

像春天般的温暖

——致少年朋友

雷锋叔叔出生于1940年的冬天,今天若健在,应该已经八十多岁了。我多次想象过,假如雷锋叔叔还活着,他会是什么样子呢?

也许,他会像那位比自己小一岁的战友乔安山一样,继续做一名"永不退伍"的老兵,在平凡的岗位上,默默地为人民服务一辈子;也许,他还会像老英雄张富清一样,六十多年深藏功名,一辈子坚守初心,用默默的奉献,去书写和诠释什么是共产党员的纯真本色,什么是共和国赤子的崇高人格。

我甚至还想象过,假如雷锋今天仍健在,能和全国人民一道,亲眼看到新中国的沧桑巨变,亲身迎接和欢庆中国共产党建党一百周年,那他该是多么欣慰和幸福啊!

雷锋牺牲时还只有二十二岁。他的一生那么短促,却又何其丰富、崇高和充满光辉。从他留下的一篇篇日记和一首首纯真的诗歌里,我们不仅看到了他在新中国诞生之初的火红年代里走过的清晰的脚印,也真切地感受到了一个正处在青春芳华、心怀梦想的新中国青年,有如朝阳一般鲜亮、灿烂、昂然向上的精神状态,以及朴素、善良、单纯的心地。

"我觉得要使自己活着,就是为了使别人过得更美好。"

"自己辛苦一点,多帮助别人做点好事。"

"人的生命是有限的,可是,为人民服务是无限的……"

"我要牢记这样的话:永远愉快地多给别人,少从别人那里拿取……"

雷锋离开我们整整六十年了,这些写在日记里的文字,今天读来,仍然让人觉得温暖如初,禁不住怦然心动、眼睛湿润。

对待同志像春天般的温暖,对待生活有火一般的热情。这是雷锋短暂的一生中最真实、最形象的写照。

1963年3月2日,《中国青年》杂志刊登了毛泽东主席亲笔题写的"向雷锋同志学习"的题词。3月5日,《人民日报》《解放军报》《光明日报》《中国青年报》等,也都刊登了毛主席的题词手迹。第二天,《解放军报》又首次刊登了刘少奇、周恩来、朱德、邓小平等党和国家领导人为雷锋的题词。

从此,"向雷锋同志学习"渐渐成为了全国人民学习英雄、树立新风、奉献爱心的一个伟大的号召,一种代代相传的风气。

如今,雷锋已是全国人民家喻户晓的一个闪光的名字。每年的3月5日,也成了一个家喻户晓的美丽节日——"学雷锋纪念日"。伟大的雷锋精神,已成为激励和教育人们的宝贵财富,成了矗立在一代代青少年成长道路上的一盏光彩夺目的明灯,一座闪光的路标和丰碑。

2014年3月4日,习近平总书记在写给"郭明义爱心团队"的一封书信里,就这样说过:"雷锋精神,人人可学;奉献爱心,处处可为。积小善为大善,善莫大焉。当有人需要帮助时,大家搭把手、出份力,社会将变得更加美好。"

几天之后的3月11日,习总书记在接见出席十二届全国人大二次会议的解放军代表团部分基层代表时,又谆谆教导某工兵团"雷锋连"指导员谢正谊说:"雷锋精神是永恒的,是社会主义核心价值观的生动体现。你们要做雷锋精神的种子,把雷锋精神广播在祖国大地上。"

在雷锋牺牲五十六年之后,2018年9月28日上午,正在辽宁省视察和考察的习总书记,乘车来到了雷锋生前工作过的抚顺市。

抚顺是雷锋的"第二故乡",也是平凡而伟大的雷锋精神的发祥地。习总书记向雷锋墓敬献了花篮,然后参观了雷锋纪念馆。看着雷锋生前用过的一件件实物,还有这位年轻的战士留下的一幅幅照片、一段段日记,总书记语重心长地教导说:"雷锋是时代的楷模,雷锋精神是永恒的;雷锋精神是五千年优秀中华文化和红色革命文化的结合。""积小善为大善,善莫大焉。"总书记还引用这句古训对大家说:"这与我们当前的'为人民服务''做人民的勤务员'都是一脉相承的,雷锋精神永远值得弘扬。"

"要做雷锋精神的种子,把雷锋精神广播在祖国大地上。"这是多么美丽的期望和崇高的使命啊!

那么,什么是雷锋精神呢?雷锋精神具体有哪些内涵呢?

在雷锋离开我们的日子里,在英雄辈出的各个年代里,雷锋精神在中华大地上经过五十多年来的传承、传递与发展,不断融进新的时代内涵——就像一条滚滚流淌、永不停息的大河,汇入了无数涓涓细流,注入了一道道奔流的活水。

具体说来,今天的雷锋精神,包含着如下丰富的内涵:

热爱祖国、热爱社会主义、热爱中国共产党的崇高理想和坚定信念;甘当人民的"勤务员",全心全意为人民服务,助人为乐、无私奉献的美好品德;干一行爱一行,淡泊名利、敬业乐业,甘做党和国家事业的"螺丝钉";不畏困难、自强不息,刻苦钻研、锐意进取的"钉子精神";艰苦朴素、勤俭节约的奋斗精神……

伟大的雷锋精神,已成为激励和教育后来人的宝贵财富,是矗立在一代代青少年成长道路上的一盏光彩夺目的明灯,一座闪光的路标和丰碑。

雷锋当年经常去给孩子们做辅导的抚顺市建设街小学,已经改名为"雷锋小学"。当年的小学生孙桂琴,这样回忆道:"每当我想起和雷锋叔叔在一起的幸福情景,就抑制不住自己激动的心情。那一幕幕让我刻骨铭心的记忆场景,时常像潮水一样涌现在我心头,如此的清晰、生动,就像昨日刚发生过一样。"

正是有了雷锋精神的感召和激励,孙桂琴从一个天真懵懂的小学生,一步步成长为一名真正的战士,成为一位雷锋式的好军人。她曾多次被评为"辽宁省学雷锋先进个人""优秀校外辅导员",荣获过"沈阳军区学雷锋金质奖章",并多次立功受奖。

提起自己的成长之路,她深有感触地告诉大家:《雷锋日记》就是她"学习雷锋、走好人生之路的教科书","雷锋叔叔的日记就像一面镜子,时刻警醒着我……"

另一位当年的小学生刘静,犹记得雷锋叔叔来学校辅导时,曾亲口对她说道:"小刘静,你爱画画这很好,长大了要多画一画祖国的大好河山,画画咱们祖国的社会主义建设,那该多有意义啊!"

刘静一直记得雷锋叔叔的教导。她回忆说:"雷锋叔叔的话深深地铭刻在我的心里,成为我在人生道路上克服重重困难、勇往直前的动力。"她记得最牢、时刻用来提醒和激励自己的,是雷锋叔叔这一段话:"不经风雨,长不成大树;不受百炼,难以成钢。迎着困难前进,这也是我们革命青年成长的必经之路。有理想有出息的青年人必定是乐于吃苦的人。"

刘静长大后,依然喜欢画画。不过,她画得最多的,是敬爱的雷锋叔叔。她把雷锋的故事画成一幅幅生动的图画,用图画来引导今天的小朋友去认识雷锋、学习雷锋。

她也像雷锋叔叔当年一样,经常去给附近学校里的小朋友们讲故事、做辅导。她说:"我讲雷锋故事,孩子们最爱听,孩子们也最羡慕和崇拜雷锋。我发现,他们聚拢在我身旁凝望我的目光,与当年我们凝望雷锋叔叔的目光,真是一样啊。"

涓涓细流,润物无声。如今,雷锋的故事,雷锋的精神,已经化作了阳光雨露,正在照耀和温暖着、感召和激励着一代代中华儿女。伟大的雷锋精神也像飞翔的蒲公英种子一样,已经在祖国大江南北的辽阔大地上,不断地生根、开花、结果。一代代人的记忆、传诵和发自心底的敬仰、感念与热爱,就是使雷锋精神恒久存活、生生不息的土壤。正像电影《离开雷锋的日子》主题歌《对待》所唱的:

你说我跟不上时代,
付出的对待该不该。
对待同志要像春天般的温暖,
不管别人怎么看待。

也许你忘了怎么对待,
刻骨的对待难以更改。
对待生活要有火一般的热情,
在对待中寻找答案。

面对这火红的对待,
我感觉你不曾离开。
春天的对待汇成永远的大海,
年年月月一代又一代。

一　雪落湘江

刺骨的北风,在湘江两岸的大地上呜呜地呼啸着。

它一会儿像是野兽在嗥叫,一会儿又像婴儿在啼哭;它时而停留在一些破旧的屋顶上,把茅草吹得沙沙作响;时而又越过颓垣与荒冢,像晚归的旅人走进村庄,停留在任何一家小屋外,用力敲打着那紧关的门窗……

寒冷在封锁着苦难的中国乡村。风雪在加重着中国乡村百姓们的愁苦与忧郁。

这是20世纪30年代的最后一个冬天。

从江面上吹来的彻骨的冷风,疯狂地掠过两岸的荒寂的田野,所有的村庄、河流、山岗和林子,仿佛都冻结在12月的寒风里。

那些狭窄的河流干枯了;道路阻塞着行人。萧疏的林木和沉默的村庄,散布在灰暗的天幕下。

风雪把幽暗布满了整个天空,天空也呈现着土色的忧郁……

1940年的冬天,比往年的冬天更加寒冷和寂寥。

滚滚的湘江水,就像三湘大地上的贫苦农民无尽的血泪。它见证着两岸苦难的乡村里,那无数个悲惨的故事。

这一年的12月18日(农历十一月二十日),在长沙市西北郊望城县安庆乡的一个名叫简家塘的小山村里,一个婴儿哇哇地啼哭着,来到了这个苦难的人世间。

这个婴儿,就是后来成为全中国人民学习的好榜样、伟大的共产主义战士的雷锋。

雷锋出生在湖南的一个贫苦农民的家庭里。他的爷爷名叫雷新庭,是一个贫苦的佃农。多年来他一直佃种着当地的地主谭四滚子的十来亩田地,风里来,雨里去,成年累月劳作在田里,却仍然难以维持一家人的生活。

在沉重的地租、高利贷和一些叫不出名目的苛捐杂税的压榨下,雷锋的爷爷最终得了重病,再难下地劳动了。

就在小雷锋刚刚学会走路、能够喊叫"爷爷"的那个冬天,灾难降到了贫穷的雷家。

这年年关的时候,谭四滚子带着家丁,耀武扬威地硬逼着雷锋的爷爷马上还清所欠的租债,不然就要收回土地,不许再租种谭家的田地。

眼看着一家老小连锅都揭不开了,哪里有钱粮交还租债?雷锋的爷爷又急又气,病情转重,最终在年关之时被地主活活给逼死了!

爷爷死的时候,小雷锋尚不懂得世事。

全家人的凄惨的哭声,伴随着他在人世间成长。

  一九四四年的三十晚上,
   没有月亮,无星光,

只听一声炮响,
鬼子进了我们桥头村庄。

它们像一群万恶的野兽,
抢走了粮食,夺走了猪羊。
烧毁了我们的房屋,
血洗了我们的村庄。
……

这是雷锋长大后,在1958年写的一首诗歌《党救了我》中的两节。

正如他在诗歌里写到的那样,1944年冬天,苦难再一次降临到他们家。这时候雷锋已经四岁了,能够记忆和感受那苦难的生活了。

最先给他留下的苦难记忆,是父亲的遭遇。

雷锋的父亲名叫雷明亮,原本是长沙市仁和福油盐铺里的一个挑夫。他历尽千辛万苦,成年累月地给人家挑担送货,赚回一点微薄的血汗钱,勉强维持着一家人的生计。

可是,到了1938年,日本强盗进入了洞庭湖地区。家乡的日子就更加难过了。

日本鬼子还没有侵占长沙城的时候,国民党反动派一个个早就吓得魂不附体,早早地退出了长沙,全然不顾老百姓的安危。

更可气的是,国民党军队临撤走前,还放了一把火,把长沙城烧成了一片焦土。表面上是为了不给日本人留下什么好处,实际上这一举动却使得长沙的百姓流离失所、无处安身。

那些无法逃走的国民党军队的残兵败将,也趁火打劫,奸淫掳掠,无恶不作。

雷锋的父亲就在长沙大火时,被国民党的逃兵和日本军队相继拉去当挑夫,因为不从而遭到毒打,以至于内伤吐血,几乎失去了劳动能力。

父亲只能抱病回到了乡村。

回乡以后,为了养活一家人,雷锋的父亲只好也向谭四滚子付了一笔押金,佃了七亩田地。从此,他就带着有病的身子,日夜下田干活。

这是一个动乱不安的年代。

毛主席、共产党所领导的伟大的抗日战争正在蓬勃兴起,虽然正义的烈火在祖国的大江南北熊熊燃烧,可是,无耻且无能的国民党反动派,却在日寇的进攻面前采取不抵抗政策,致使祖国的河山大片大片地沦入敌手。

在雷锋四岁的时候,日寇的铁蹄踏进了他的家乡。

湘江两岸,豺狼当道,暗无天日。

汉奸、走狗和恶霸地主也依仗着自己的权势,为非作歹,残害百姓。

多少劳苦的群众,都生活在水深火热之中。

雷锋的父亲即使起早摸黑,勤扒苦作,也难以养活一家人。

终于,在雷锋五岁那年的春季,他的父亲因病无钱医治,含恨离开了人世。

父亲的死,在刚刚懂事和记事的小雷锋心头,留下了惨痛的一幕。

这也是自他出世以后,苦难的人世给予这个小生命的又一次沉重的打击。

在那样的年头,许多人家死了亲人,往往连买口简单棺材的钱都拿不出来。除了地主家的高利贷,一般穷人家也不会有钱借给别人。

眼看着死去的亲人不能入土,雷锋的母亲痛哭不已,好几天里只能以泪洗面。

没有办法,母亲只好托人把家里的七亩佃田转佃出去一半,用拿到的一点押金,总算买了一口薄木棺材,在乡亲的帮助下,安葬了苦命的亲人。

这时候,雷锋的哥哥雷正德正在离家乡四百多里远的津市当童工。

那是雷锋的父亲还在世的时候,为了减轻家庭负担,父亲和母亲商量后,忍着痛苦把雷锋的哥哥送进津市新盛机械厂当了童工。

当时哥哥只有十二岁,还是一个没有成年的孩子呢!

祖父死了,父亲也死了,家里一个劳力也没有了。

从此,雷锋的母亲只好怀抱着小弟弟,拉着小雷锋,一天天挣扎在饥饿和死亡线上。

但是,有一个强大的信念在支撑着她:无论怎样,都要活下去!都要把苦命的孩子们拉扯成人!

唉,茫茫大地啊,哪里才有穷苦人的活路?

昭昭日月啊,哪里才有穷苦人的温暖?

二　夭折的哥哥

我的父亲被日寇活活地打死。
我的兄长被机器活活地轧死。
我的弟弟被饿死。
我的母亲含恨被迫自杀。

剩下了六岁的我，
只好到处流浪。

今天流落到东家，
要上一碗洗锅汤；
明天站在西家大门口，
他放出一群恶狗，
咬得我手脚稀烂，
撕破了我的衣裳，
屁股胳膊露在外面，
捡了破烂麻袋，

还算好衣身上穿。

……

在《党救了我》那首诗歌中,雷锋这样写道他童年时代的不幸遭遇。

俗话说:"屋漏偏逢连阴雨","麻绳总从细处断"。穷人家的日子本来就难过得很,可是又偏偏祸不单行。

雷锋的哥哥雷正德所在的那家工厂,名叫"新胜机械厂",是津市的一个姓钟的资本家开办的。

厂子里设备陈旧简陋,破烂不堪。许多工人在这里做着沉重的苦力,过着非人的生活。

雷正德长得很瘦弱,拿的是童工的工资,干的却是成年工人的活儿。只有十来岁的小正德,经常累得眼冒金星,难以支撑自己的身体。

但他远离了家乡,没有一个人可以诉说,即使哭也只能偷偷地躲在没有人的地方,因为一旦被工头看见了,就会挨打挨骂,甚至被扣掉工钱。

不久,就在他们可怜的母亲在家乡走投无路的时候,雷正德在工厂里也不幸患上了"童子痨"(肺结核)。

他整天被疾病折磨得难以忍受,还要坚持上工,因此身体也就越来越虚弱了。

有一天,他在机器旁干活时,因为咳得厉害,加上疲劳过度,干着干着,就再也支持不住了。

一瞬间,可怕的事情发生了:小正德的手和胳膊被正在旋转着的冰冷的机器给轧伤了!

鲜红的血,滴落在机器上,染红了脚下的泥土。

小正德痛得几乎昏了过去,边哭边喊叫着:"我要回家!我要妈妈……"

毕竟,他还只有十二岁啊!

可是,狠心的资本家,只知道从工人身上榨取油水,哪管工人的死活呢!

他们眼看着这个孩子的手臂已经残废,无法再从他身上榨取什么利润了,认为留下他简直就是一个累赘,于是,就丧尽天良地把他赶出了厂子大门。

可怜的小正德拖着伤残的胳膊,忍着钻心的疼痛,沿路乞讨着,走了七天七夜才回到了自己的家。

可是,家里也拿不出分文来给他治伤啊!

母子三个只能抱在一起,哭成一团。

家里没有钱给正德哥哥治病,而又不能不生活,无奈之下,哥哥只好又带着伤、带着病,到长沙附近的荣湾市一家印染厂去当了学徒。

无助的母亲只能把全部希望寄托在祈求神明的保佑上。

但神明也没有帮助这个可怜的家庭。

恶劣、沉重的劳作,加上生活的困苦和艰难,使正德哥哥的伤口和病情一天天恶化、加重,单薄的身子一天天消瘦下去。

就在雷锋五岁那年,1946年初冬,可怜的正德哥哥,终于被病魔夺走了生命。他死的时候还只有十三岁呢!

这又一次打击,就像一把利刀,插在母亲的身上!

母亲悲恸欲绝,哭天天不应,叫地地不灵。

他的儿子再也不能苏醒过来了。

五岁的小雷锋也大声哭喊着:

"我要哥哥！我要正德哥哥啊……"

然而，哥哥静静地躺在冰冷的门板上，再也不能领着弟弟到村外去讨饭，到田野里去挖野菜、掘茅草根了。

母亲哭得几乎流干了眼泪。

可是，灾难还在这个家庭里继续。

刚刚掩埋了正德哥哥，不料灾祸又降临到了雷锋的刚满三岁的小弟弟身上。

幼小的弟弟因为吃不饱、穿不暖，突然染上了伤寒病。

不久，这个无辜的小生命就在母亲的怀里咽下了最后一口气。

这是残酷的命运对雷锋一家的又一次打击。

一连串的灾难和不幸，使雷锋的母亲欲哭无泪，几乎绝望了。

但是，望着眼泪汪汪的小雷锋，想到死去的亲人们，母亲还是坚强地抬起了头，把命运留给她的唯一的儿子紧紧地搂在了怀里。

她怕啊，怕这不公平的世道连她的这个儿子也不放过！她恨啊，恨这不公平的人间怎么会对穷苦人下如此凶狠无情的毒手！

三　冷暖人间

现在,在这个风雪人间,小雷锋只剩下唯一的亲人——母亲了。

母亲把儿子搂在怀里,久久地望着他。

是的,为了告慰死去的公公、丈夫,还有两个未成年的儿子,她必须咬紧牙关活下去!

她一定要把自己的"庚伢子"(雷锋的乳名)拉扯成人。

为了养活自己的庚伢子,母亲只好忍受着地主的奚落和白眼,到谭四滚子家里去当了佣工。

母亲起早摸黑,什么脏活苦活都干。

可是,谭四滚子的儿子谭七少爷,却丧尽天良,起了歹心,有一次趁雷锋的母亲不备,奸污了她。

一向贤淑和恪守妇道的母亲,遭受如此奇耻大辱,却无人可以诉说,无处能够申冤。

她含着悲愤和耻辱,回到了家里,整日披头散发,以泪洗面,觉得再也没有脸面活在人世了。

那些日子里,她常常一个人跑到雷锋父亲的坟头去痛哭。

可怜的、无助的母亲啊,对这个吃人的人间已经失去了最后的留恋之意。

不是么,亲人们一个接着一个地死去,使她深深地感到了命运的沉重和冷酷;

地主家的少爷的肆意污辱,更剥夺了她最后的自尊。

她满肚子的苦水无处倾吐;她满腔的冤仇无处诉说和申辩。

也许,只有横下心一死了之,才能表达她对这个万恶的旧社会的最后的抗议和控诉了!

1947年,农历八月的一个夜晚,当有钱的人家已经在准备中秋的月饼,穷人家却连一口薄粥都喝不上的时候,小雷锋的母亲决意要离开这个不公平的人世了。

她唯一担心的,还是自己尚未成年的儿子。

母亲拉着儿子的小手,把儿子端详了半天,心如刀绞一般。

她竭力掩饰着自己的悲痛,对儿子说道:"庚伢子,我的好孩子,以后要是没有妈妈的照料了,你该怎么活呀!"

儿子懂事地安慰母亲说:"妈妈,以后我长大了,我来孝敬你!妈妈身体不好,做活做得太累了,我会自己照料自己嘛……"

"好伢子,你这么说,妈就放心了!以后你要好好照料自己啊!"母亲一边抚摸着儿子瘦小的手和脸,一边又喃喃地说道,"庚伢子,你可要记住啊,你爷爷、爹爹,还有你正德哥哥和弟弟,一家人都是怎么死的啊!"

说完这些,母亲亲了亲儿子的小脸,然后吩咐道:

"好孩子,天快黑了,你现在就到你六叔奶奶家去住一夜,妈出去给你讨点吃的。听话啊!"

小雷锋此时并不知道母亲痛苦的心事,他只是担心地说:
"妈妈要多当心哦,不要让外面的大狗咬着,早些时回来啊!"
就在这天晚上,母亲悬梁自尽了。
"妈妈!妈妈!你醒醒啊……"
当小雷锋从六叔奶奶那里跑回家时,母亲已经再也听不见他的哭喊了。
苦命的母亲是带着满腔的仇恨和牵挂离开人世的。
她的自尽,是对万恶的旧社会的无声的控诉和抗议!
爸爸、哥哥、弟弟、妈妈,仅仅三年之间,小雷锋就亲眼看着四位亲人相继离开了自己。
从此,不满七岁的小雷锋就成了一个孤儿。
茫茫的人间,冷冷的风雪,他将怎么活下去啊?
穷帮穷,苦怜苦。为了不让可怜的小雷锋冻死、饿死,家境同样十分贫寒的六叔奶奶,收留了小雷锋。
这样,这个失去了父母、生活无依无靠的孤儿,才算有了一个安身的屋顶。
六叔奶奶流着泪说:"庚伢子,你可一定要记住自己的亲人都是怎么死的啊!你一定要好好地长大啊!你放心,叔奶奶这里只要有一口吃的,就不会让你饿着……"
同时,村里的一些善良的叔叔婶婶和爷爷奶奶,都把小雷锋当成自己的孩子一样看待。
他们有时给小雷锋送来一些吃的;天冷了,好心的乡亲还会给他送来一些衣物,或者就是帮助着叔奶奶给小雷锋缝缝补补的。

小雷锋也是个十分懂事的孩子。穷人家的孩子早当家啊！

他想，叔奶奶一家，还有乡亲们，家家也都是那么穷困，常常是吃了上顿没有下顿的，还要养活我，这是多么不容易啊！

于是，小小年纪的雷锋，就经常上山砍柴、拾草，或下地挖野菜，有时还帮着去放牛、运送秧苗什么的。

上山砍柴，像他这么小的年纪，可是十分不容易的。

每天，他都要拿上砍柴刀和扁担，砍树枝啦，挖竹根啦，刨树蔸啦……只要力所能及的，他都肯干。

有时，他把这些柴草挑下山，到集市上卖掉，换点钱来给叔奶奶家补贴一下家用。

被树枝划破皮肤，或让荆棘扎痛了手脚，都是常有的事。

有一次，他一不小心，砍柴刀就砍伤了小手，鲜血染红了刀柄和手背。小雷锋痛得直喊"妈妈"，可是，没有谁能帮助他。"有妈的孩子是个宝，没妈的孩子像根草"啊！

他只能抓把黄土止住鲜血，忍住疼痛，又拿起砍柴刀来继续砍柴。

每当他瘦小的身体挑着沉重的柴担子走回村子时，无论经过哪一家贫苦的人家，哪家都会留住他，说：

"庚伢子，快歇歇吧，可别把小身子骨压坏了啊！来，就在这里吃口饭吧！"

这时候，小雷锋往往满怀感激地点点头，一边往嘴里扒着饭，一边扑簌簌地流着伤心的泪。

还有一次，小雷锋来到东山上砍柴。

这座山被当地的地主徐松林霸占着。他可不许任何人到这座山上动一根柴草。

徐松林的婆娘看到了小雷锋在这里砍柴,就二话没说,走上来一把夺过柴刀,狠狠地在小雷锋左手的手背上砍了一刀,然后骂道:

"穷小子!你好大的胆子!敢到我家山上来砍柴草!"

小雷锋紧紧地捂着流血的手背,气得眼里似乎快要冒出火花:

"你!你……为什么这么霸道?连周围的柴山都要霸占着!"

"就是不许你们这些穷鬼砍柴,怎么样?你们一个个最好都去冻死、饿死,老娘才高兴呢!"

"你……"小雷锋忍受着痛苦,把这些仇恨深深地记在了幼小的心田。

1948年的春天来了,天气变得暖和了。

小雷锋不忍心总是给叔奶奶一家和乡亲们增加负担,就瞒着叔奶奶,一个人到外村讨饭去了。

那时,乡村里穷苦的人家里的孩子外出讨饭,是常见的事。

小雷锋穿着破烂的衣服,赤着一双小脚丫,身上背着一个黑布袋子,端着一个有缺口的大碗,挨家挨户地站在大门口乞求:

"爷爷、奶奶、伯伯、婶婶,行行好吧,可怜可怜我,给口吃的吧!"

一般善良的穷苦人家,听到门外的乞求声,都会拿出一点点吃的来打发了,除非自己家里一口吃的也拿不出来,这时候他们往往会出来说一声:

"对不住啊,实在拿不出一点什么来了,下次再来吧。"

要饭的人碰到这样的人家,也十分能够理解,一般不再强求什么。

可是，碰到一些狠心的财主和富裕人家，情况可就不同了。

这一天，小雷锋东一家西一家地讨了半天，也没有讨到一口吃的，不知不觉竟走到了一个大户人家的门口。

"行行好，给口吃的吧……"

小雷锋刚一开口，突然，一条身子肥壮的恶狗猛地蹿了出来，直向小雷锋扑来。

猝不及防的小雷锋吓得赶紧扬起手上的木棍，吓唬着恶狗，保护着自己。

听到狗叫声，这家的地主婆才拉开朱红色大门走出来。她一看，是一个小讨饭的正对着她家的狗举着木棍，就不问青红皂白，破口大骂道：

"小叫花子！你想找死啊？竟敢打老娘家的狗！你也不看看狗的主人是谁！"

"你好不讲理！是你家的狗先冲出来要咬我的！"小雷锋一边后退，一边辩解道。

"咬不死你算你命大！"地主婆恶毒地说。

说着，她竟丧尽天良地唆使恶狗去咬小雷锋："咬！给我狠狠地咬！看小叫花子还敢不敢再来……"

真是狗仗人势！这条恶狗竟然一口就咬住了小雷锋的大腿！

顿时，小雷锋的腿上鲜血流淌，血把破旧的裤腿都染透了……

小雷锋疼痛难忍，哭叫着："妈妈！妈妈！快来救我……"

等到他拖着被恶狗咬伤的腿回到自己村子里时，天已经漆黑了。

叔奶奶和乡亲们正在着急地到处寻找他呢!

看着可怜的孩子被咬成这样,叔奶奶心疼地说:

"好伢子,再也不要出去讨饭了,叔奶奶就是只剩下一口米,也会留给你这个苦伢子吃啊!"

这时,小雷锋满腔的委屈和苦楚都涌了上来,他一头扑在善良的叔奶奶怀里,大声地哭了起来。

"莫哭,莫哭,好孩子!好好活,苦日子总能熬出头的!"

随着小雷锋一天天在长大,他也渐渐明白了一个道理:

穷苦人之所以总受地主老财们的欺压和盘剥,一个重要的原因就是不识字,是"睁眼瞎子"。

所以,渐渐地,看着那些财主家的孩子穿着绫罗绸缎什么的,他一点也不眼馋;地主老财家天天吃鱼吃肉,他也丝毫不觉得嘴馋。

只有一点,每当他走过村里的私塾学校,看到那些有钱人家的孩子背着书包上学放学,尤其是当他放牛、打柴的时候,远远地站在小学校外面,听着从里面传出来的琅琅的念书声,他真打心眼里羡慕啊!

每次他都会想,什么时候,我也能背着书包,在学堂里念书识字就好了,哪怕念一天、念一个月,都是好的啊!

可是,他只能这么满怀羡慕地想一想而已。

他是个一无所有的孤儿。他根本就不可能有这个机会。

每一次,他最终只好提着砍柴刀和担子,恋恋不舍而又凄然地转过身,走上山去。

山路遥遥,荆棘遍地。

苦难的生活还在等待着小雷锋。

他在艰难中挣扎着、成长着。

他要活下去！他要长大！

他忘记不了自己的亲人都是怎么死的。他要为他们报仇雪恨！

黑夜沉沉，霜重露深。

小雷锋在漫漫长夜里期盼着太阳升起……

四　太阳升起了

霹雳一声巨响!
东方升起了红太阳。
呵!伟大的中国共产党,
您把我拯救,
把我抚养,
把我送进工农子弟的学堂。
……

雷锋在他的诗歌《党救了我》里继续讲述他的童年。

漫漫长夜终有尽头。乌云遮不住喷薄而出的一轮红日。

1949年8月,毛泽东、共产党领导的中国人民解放军,跨过长江,解放了雷锋的家乡望城县。

太阳升起了,天亮了。穷苦的百姓终于挣脱了奴隶的锁链,迎来了翻身做主人的日子。

在苦难中受尽折磨的小雷锋,和穷乡亲们一起,站在明朗的阳光下,欢庆着自由和解放。

不久,共产党领导的安庆乡基层政权建立起来了。

地下党员彭诗茂,担任了安庆乡农会第五分会的主席。后来,他又担任了安庆乡乡长。

彭大叔知道小雷锋是个苦大仇深的孩子,经常关心地询问小雷锋有没有什么困难。

有一次,彭大叔拉着小雷锋的手,对他说:

"好孩子,你有什么困难和苦处,就尽管告诉大叔,现在,天下是我们穷苦百姓的了,毛主席、共产党都会给我们做主的!你再也不用害怕那些残害穷人的地主老财们了!"

小雷锋睁大了眼睛,仔细听着彭大叔的话,一字一句都记在了心里。他的眼睛里噙着晶莹的泪花。多少年了,他第一次听见这么温暖的话语。

接着,彭大叔又叮嘱他说:

"好孩子,你可要记住,我们穷苦人的救命恩人是共产党和毛主席,你是苦苗苗上结出的一个苦瓜,是毛主席、共产党,给我们送来了救命的雨水。长大了,可一定要听共产党、毛主席的话啊!"

小雷锋不停地点着头,说:

"你放心吧,彭大叔,我忘不了毛主席、共产党和人民政府的恩情,我一定会听共产党的话,听毛主席的话,做一个翻身不忘本的好孩子!"

刚刚解放的那些日子里,大人们在忙碌着组织农会,孩子们就组织成立了儿童团。

小雷锋穿戴着乡政府送来的新衣服、新帽子和新鞋子,精神抖擞地站在儿童团的队伍里。

他心里那个欢喜啊,真是没法子说啦!每天,他和乡里的伙伴们一起,拿着红缨枪,唱着歌儿去开会,去放哨,去盘查形迹可疑的人,尤其是那些心不死还在梦想变天的地主老财。

小雷锋走起路来,身子挺得直直的,头昂得高高的,真正是扬眉吐气了。

他想,要是妈妈还活着,看到他现在这个当家做主人的样子,该有多么欢喜啊!

这一天傍晚,太阳快要落山的时候,雷锋正站在村头放哨。忽然,他看见,不远处走来了一支整齐和威武的队伍。

呀,是解放军!是毛主席领导的解放军的队伍,开进了他们的村庄。

只见解放军叔叔个个精神抖擞,穿着整齐的黄军装,整齐地背着背包,扛着乌黑发亮的钢枪,还雄赳赳、气昂昂地喊着口号呢!

小雷锋真是高兴得要跳起来了。

他一听说队伍要在这里暂时住下,就兴奋地给队伍带路,领着解放军进了村。

他东跑西颠地,一会儿跟着村干部们忙上忙下,帮助安排住房;一会儿又帮着搬板凳、擦桌子,张罗茶饭。

他高兴得一个劲儿地笑啊笑啊,两个小眼睛都眯成了一条线。

他想:彭大叔说得对,毛主席领导的解放军,就是为穷苦人打天下、求幸福的,是老百姓自己的队伍。那么,我为什么不要求参加解放军呢?

那天晚上,他一会儿摸摸那火红的军旗,一会儿摸摸小号手那擦得闪闪发亮的军号,迟迟不肯离开解放军叔叔的宿营地。

他问那个小号手：

"你是怎么当的兵？"

"志愿当的呗！当兵是为咱们老百姓谋幸福的，当然要志愿啦！"

小号手一脸自豪的神气。

"我志愿行不行？我也好想当兵！"

"什么？你？"小号手取笑雷锋说，"你别开玩笑了，你现在还是个儿童团，还没有一支步枪高呢，就想当兵？"

"别看我个子小，可是有的是力气！"小雷锋央求小号手说，"吹号哥哥，求求你，帮我去跟连长说说，让我也参加你们的部队吧，我也可以跟着你学习吹号……"

"你……想得真美！"小号手说，"军号是你想吹就能吹的呀？你呀！你还是自己去说吧，我可不愿意去替你碰这个钉子。依我看，你还是安心扛你的红缨枪吧，再说啦，当一个儿童团员也是革命嘛！"

几天之后，队伍要开走了。

小雷锋一听到消息，急得呀，一溜烟地跑到一位连长面前，拉住连长的手，说：

"叔叔，我要当兵，带我走吧！"

"带你走？"连长问道，"你这么小，为什么要当兵？"

"我……要报仇！我全家都被地主老财和资本家给害死了……"

小雷锋捏着小小的拳头说。

"小弟弟，你还小嘛。"连长说，"我们的军队就是为穷苦人打江山，保护全天下受欺压的老百姓的。你放心吧，你的仇我们大家会替你报的。"

"不能带上我一起走吗？我要和你们一起去报仇……"

连长劝他说："小弟弟,你的年纪还小,你现在的任务是好好学习,做毛主席的好学生。过几年等你长大了、长高了,再来参军,我们一起保卫咱们的新中国,好吗？"

小雷锋听了连长的话,若有所思,喃喃自语着："好好学习,做毛主席的好学生……"

临走时,连长拉起小雷锋的手,把自己的一支钢笔送给了他,叮嘱他说："好孩子,一定要好好学习啊,再见了！"

小雷锋恋恋不舍地望着解放军队伍渐渐远去了。

他的心里感到热乎乎的。

就在雷锋的家乡解放了两个月之后,1949年10月1日,伟大的新中国诞生了。

毛主席站在北京天安门城楼上,用他的家乡湖南口音,向着全世界庄严宣布："中华人民共和国中央人民政府成立了！"

这是全国人民最难忘的时刻。中国人民从此站起来了！

五　扬眉吐气

"孩子,我们翻身了!给你爸爸、妈妈和哥哥报仇雪恨的日子来到了!"

有一天,彭大叔拉着雷锋的手,兴奋地告诉他说。

原来,在雷锋的家乡,一场轰轰烈烈的土地改革运动正在掀起。

"打倒恶霸地主!"

"向地主恶霸们讨还血债!"

广大的贫苦农民,在党的教育下,提高了阶级觉悟,内心里燃起了斗争的火焰。

那些日子里,乡里和村里不断地召开斗争恶霸地主的大会。雷锋和乡亲们一起,扬眉吐气地高呼着口号,参加了一次次斗争会。

以前趾高气扬、耀武扬威的地主老财,一个个被押到了斗争台上。他们就像泄了气的皮球,耷拉着脑袋,战战兢兢地接受着穷苦百姓们的声讨和控诉。

雷锋亲眼看到了,多少在过去受过地主恶霸压迫的农民,都纷纷上台,倒苦水,追穷根,一声声诉说着自己的血海深仇。

吃人的地租、劳役、高利贷……还有他们残害穷人的恶毒手段,一件一件地被揭露了出来,真是罄竹难书、令人发指。

诉苦的人一个个声泪俱下;

地主恶霸一个个哑口无言,垂头丧气。

"打倒万恶的地主阶级!"

"为贫雇农兄弟申冤报仇!"

震耳欲聋的口号声此起彼落,从一个村子传到另一个村子。

小雷锋听着乡亲们的控诉,看着在台上垂头丧气的地主老财们,不由得也想到了自己的身世,想到了爸爸、妈妈和哥哥、弟弟的惨死,以及自己砍柴、讨饭时的遭遇。

他流着眼泪,跳上台去,小脸气得通红,却不知道从哪里说起。

彭大叔和乡亲们鼓励他说:

"伢子,说吧,把你小小年纪所受的苦处,都说出来!把你爸爸妈妈是怎么死的,都说出来,让这些吃人不吐骨头的恶霸地主们听听,听听他们的所作所为,让他们看看自己是人不是人!"

"是呀,说吧,孩子,共产党、毛主席会给我们做主的!"

于是,小雷锋就像水库打开了闸门一样,把压在自己心头的苦水、委屈和愤怒,一股脑地倾倒了出来。

他的眼里喷吐着仇恨的烈火。他扬起带着刀伤的手背,对着那个砍过他的地主婆说:

"你这个坏东西,你没有想到吧,你也有今天!你说,你还敢砍我不敢?你还敢霸占老百姓的山林不敢?你还敢欺压穷人不敢？我看你是再也不敢了,你们已经彻底完蛋了！"

就在这场暴风骤雨般的斗争中,小雷锋接受了一场深刻的阶级教育。

在穷苦乡亲的控诉声中,在无数血淋淋的事实面前,他渐渐地懂得了一些道理：

刻骨的仇恨不是来自一家一户的,而是整个贫下中农和无产阶级的；

地主恶霸、资本家、帝国主义,都是穷苦百姓的死对头；

是日本帝国主义和国民党反动派,夺走了他父亲的生命,也夺走了千千万万的无产者的生命；

是吃人的资本家,夺走了他的哥哥以及无数贫苦工人的年轻的生命；

是万恶的封建社会和地主恶霸,侮辱了他的母亲,逼得母亲走投无路,悬梁自尽；还有多少像他母亲一样善良无助的中国妇女,都是被万恶的旧社会逼得失去了做人的尊严和权利,最终不得不含冤而死！

要使全天下的穷人彻底翻身,就必须彻底推翻压在中国人民头上的三座大山！

在那些日子里,小雷锋的阶级觉悟迅速得到提高。

这个翻了身的苦孩子,经常打着竹板,和其他儿童团员一起,为穷苦的百姓演唱一首《百子歌》,宣传阶级斗争和革命的道理：

> 地主出门坐轿子,
> 带着狗腿子,
> 手拿算盘子,

>逼着农民交租子。
>毛主席救了穷人子,
>打倒地主和狗腿子,
>挖掉了穷根子,
>分田分地分房子,
>跟着毛主席一辈子,
>永远过幸福的日子。
>……

打倒了恶霸地主,贫苦的农民开始当家做主人。

他们都在轰轰烈烈的土地改革中分到了土地、房子、牲畜和农具等。

在分配土地的时候,按照政策,小雷锋虽然是一个孤儿,却也分到了两块土地;

在分配斗争果实时,农会又给了这个苦孩子特别的照顾。他分到了新被子和新衣服等日常用品。

一个孤儿,真实地享受到了新中国带给他的幸福、温暖与欢乐。

所有这一切,也使小雷锋深深懂得了,穷苦人只有跟着毛主席和共产党走,才能有幸福的好光景!

正如他后来在诗歌中写到的那样:

>冬天区委陈书记买给我新棉衣,
>夏天他买给我蚊帐和汗衫。
>若我有一点小病,
>陈书记的心啊,

一刻也不能安宁,
比失掉了双手、眼睛还心疼;
我戴上红领巾的那天,
他赠给我金星钢笔,
买给我果糖。
……

六　饮水思源

　　仲夏时节,蝉声悠扬,稻花飘香。成群的禾花雀在稻田上飞翔。天空蓝得像透明的玻璃一样。
　　1950年夏天,雷锋已经十岁了。
　　因为有了党和人民政府的关怀与帮助,雷锋背起崭新的书包和课本,开始上小学了。宽敞明亮的小学校,向雷锋,向那些翻了身的农民的孩子,敞开了大门。
　　这在过去那些年月里,是雷锋想都不敢多想的事情。
　　那时候,他偶尔只能远远地站在打柴、放牛的山坡上,眼巴巴地看着有钱人家的儿子去上学。
　　我们在前面曾经说到过,在他小时候,他曾多次路过私塾学校的大门口,羡慕地看着人家的孩子在里面诵读、游戏,他多想参加进去啊!
　　可是,那时候他连活命都成问题,哪里还敢想去读书识字!
　　一个穷孤儿要想踏进学校的大门,真比登天还难呢!
　　只有在共产党、毛主席领导下的新中国,像他这样的苦孩子才能挺直腰板走进学校,坐在明亮的教室里学习文化知识。而且,党和政府还给了他无微不至的关怀和照顾。

开学第一天,老师发给雷锋两本崭新的课本,还有本子和铅笔。

雷锋看到别的小伙伴都在交书费和学费,便把过春节时彭大叔给他的一点压岁钱拿了出来,双手交给了老师。

这时候,老师却笑着说道:"孩子,你不用交学费,你是个孤儿,你免费在这里读书……"

"我……我……"雷锋顿时感动得鼻子发酸。

"不要难过,孩子,党和政府都为你考虑周到了,这都是共产党、毛主席的恩情啊!你要好好念书,做毛主席的好学生啊。"

"共产党!毛主席!"

当雷锋翻开课本第一页,看到了毛主席慈祥的面容时,他激动得说不出话来,只在心里默默地下定了决心:

"毛主席啊,请您放心吧,我一定好好学习,长大了好报答您的恩情……"

从此以后,雷锋不再认为自己是一个孤儿了。他觉得,共产党就是他的亲爹娘。

那时候正是解放初期。雷锋的家乡和全国许多刚刚解放的地方一样,学校并不多。

雷锋读书的一所完全小学,在离家十五里远的清水塘。每天,天刚蒙蒙亮,雷锋就会早早地起来,洗干净脸,背上书包,赶那么远的小路去上学。

只要有学上了,他每天心里都是乐滋滋的,有时连早饭也顾不得吃就直奔学校去了。

每天早晨,他比所有其他同学都来得早,总是第一个走进教室,然后放下书包,擦黑板啦,抹窗户啦,整理桌子和板凳啦,一刻也不肯闲着。

即使是刮风下雨,他也很少缺课或迟到。

星期天不上学的时候,他就上山砍柴或下田干农活儿,小小年纪就学会了所有庄稼活儿。

雷锋酷爱学习,即使上山打柴和下地干活,身上也总带着书本,干活累了,坐下休息时,他就抓紧时间看书认字。

小伙伴们都羡慕他,觉得雷锋头脑聪明,很会学习,学习成绩总是那么好。

雷锋说:"哪里是我头脑聪明,我是'笨鸟先飞',不愿意白白浪费时间。多认一个字就多了一点积累。"

他不仅学习成绩好,而且很热爱劳动,喜欢热心帮助有困难的同学。同学遇到弄不明白的问题,都愿意来问雷锋。他们觉得,雷锋就像他们的"小先生"一样,懂得的事情硬是多。

1954年秋天,雷锋在清水塘完全小学光荣地加入了少年儿童先锋队组织。

这一天,在隆重的入队宣誓大会上,辅导员给他戴上了鲜艳的红领巾,告诉他说:

"红领巾是五星红旗的一角,是无数革命先烈的鲜血染红的,新中国的少先队员,一定要用自己的实际行动,保持着红领巾的鲜艳和美丽……"

雷锋把这些话牢牢地记在了心里。

他经常对同学们说:"少年先锋队就要起到模范带头作用。我们是新中国的少年儿童和少先队员,一定要好好学习,学好了本领,长大了好建设我们的祖国。"

他每天都佩戴着鲜艳的红领巾去上学,晚上回家就把红领巾叠得整整齐齐的,放进书包里,绝不让一点灰尘沾在红领巾上。

人民政府给他的一件白衬衫,是他看得最珍贵的一件衣服。

夏天,这件衣服就成了他专门佩戴红领巾的"礼服"。

有一次外出过队日,雷锋负责举着少先队队旗。

不料,中途忽然下起了大雨。雷锋生怕雨水淋湿了队旗,就赶紧脱下自己的衣服包住旗子,全身被雨水淋透了也毫不在意。

他说:"我们戴的红领巾,我们举的红队旗,都是革命先烈用鲜血染红的,所以我们应该格外爱护才行!"

大雨过后,他带领同学们唱起了少先队队歌:

> 我们是新中国的儿童,
>
> 我们是新少年的先锋,
>
> 团结起来,
>
> 继承着我们的父兄,
>
> 不怕艰难,
>
> 不怕担子重,
>
> 为了新中国的建设而奋斗,
>
> 学习伟大的领袖毛泽东!

在清水塘完全小学读书期间,雷锋多次受到老师的表扬和奖励,并被选为中队委员。

1955年上学期,雷锋转到离家四五里远的荷叶坝完全小学读书。

当时,这所学校里只有四名基本队员,正在筹备建立少先队组织。

雷锋来到这里后,很快就成了建队中的积极分子。

他向同学们宣传少先队章程,教他们怎样写入队申请书。

他以自己为例子,讲应该怎样从小事做起,最后成为光荣的少先队员。

对一些思想上还存在模糊认识的同学,他耐心地启发他们的觉悟,告诉他们说:"我们是贫雇农的儿子,要争取入队,争取进步。"

雷锋也用自己的实际行动,为同学们做出了好的榜样。

凡是少先队交给他的任务,他总能很好地完成。

有一次,少先队到长沙市烈士公园过队日,队组织交给他的任务是打大鼓。

他小小的个子,背着一面大鼓行走几十里,很是吃力。

走了十几里路后,他累得满头大汗,衣服都湿透了。

辅导员发觉后,要找别的同学替换他,他说:

"不累不累,这是少先队交给我的任务,应该归我完成。就是再苦再累,我心里也觉得甜甜的呢。"

他坚持着把这面大鼓背到了烈士公园。

雷锋在成长。他把旧社会里留给他的痛苦,把新社会带给他的快乐和幸福,都牢记在心里。

他永远也不会忘记这一切。他后来在自己的日记里这样写道:"……我们决不能'好了疮疤忘了痛',应该'饮水思源',想想过去,看着现在,我们都不能不以革命的名义来对待一切事业。"

七　青翠的小树

冬去春来,柳色秋风。就像一棵经过了严冬风霜之后的小树苗,雷锋在新中国和新时代的阳光下茁壮成长着。

1955年下半年,雷锋已经是一名六年级的学生了。

这一年,乡里组织了农民扫盲识字运动,决定把从来也没有进过学堂的爹爹、婆婆和中青年村民都号召起来,参加夜校和识字班,在每一个村子里都扫除文盲。

消息传开后,人们的积极性可高了,报名十分踊跃,可是,难题接着也出现了:这么多的夜校和识字班,到哪里去找那么多的老师呢?

因为刚刚解放不久,农村里上过学的人毕竟不多啊!

一时找不到教师,可把乡长和村干部们急坏了。

雷锋知道了这个情况后,就和同学们商量说:"既然这么需要老师人手,这样好不好?我们白天上学,晚上就分头去帮助乡里教夜校,教那些爹爹婆婆认字……"

"我们……能行吗?"同学们没有信心。因为当时他们都是十来岁的孩子。再说,上夜校的都是村里的大人,万一教得不好,出了"洋相",那多丢脸啊!

还有,在家里都是小孩子听大人的,现在,我们这些小孩子给他们当"先生",他们能听孩子的话吗?

"肯定能行的!我们都念六年级了,教他们认字读书,这事我们完全能够做到的,我们要争取去做。"

于是,雷锋去找彭乡长,请求参加夜校,帮助农民识字。

乡长一听,觉得这个主意好,如果能顺利进行,可是解决了眼下的一个大难题啦!

这样,在乡党支部的鼓励和帮助下,乡夜校办起来了。

夜校的教室设立在黄花塘钟二婶家的堂屋里。

前来学习的"学生",主要是那些在旧社会没有机会上学的小伙子和大姑娘。还有一些热心的爹爹和婆婆。

每天放学回家,雷锋一吃过晚饭,就匆匆地跑出去,和别的"小先生"一起,一家一家地去动员,希望来的"学生"越多越好。

有时候,别的"小先生"遇到了什么困难,雷锋总是鼓励他们增加信心,继续干下去。

小小的夜校可热闹啦!雷锋在简易的黑板上,工工整整地把自己上学时第一课学会的"毛主席万岁"写下来,一个字一个字地教给乡亲们。

他是那么认真,念完了,再教他们学着写:一撇,一横,又一横,然后是竖弯钩……

雷锋教得仔细,乡亲们也学得有劲头。很快,这些过去的"睁眼瞎子"都能写出"毛主席万岁""共产党万岁"等汉字了。

那时,夜校和识字班没有固定的课本。教什么,怎么教,都得"小先生"们自己想主意。

34

雷锋想出的主意最妙。他把农村里人们常用的一些字、词和俗语,编成了一些顺口、好记的"顺口溜",什么"钟二叔打车子,一车二百斤"啦,什么"李家婶婶插田,三天两亩地"啦,还有"白菜萝卜,扁豆黄瓜"啦……反正都是村民们喜闻乐见的内容。

夜校的效果一天天地显示出来了。农民学文化很快就成了一种风气。不识字的开始识字了;不会算账的,也会算账了。

这年年底,县里组织了一次各乡夜校检查评比。结果,雷锋他们教的这所夜校,被评为全县夜校的头名。

乡长把一朵大红花戴在了雷锋的胸前。

乡亲们都亲切地叫着雷锋的乳名,称赞说:"庚伢子这个小先生真是名副其实哩!好了不起啊!"

雷锋却不好意思地摇摇手说:"这哪里是我的功劳,都是乡亲们自己努力肯学的结果嘛!"

八　草鞋深情

在雷锋的家乡,还流传着许多美丽的小故事,都发生在他念小学的日子里。其中有一个关于草鞋的小故事,发生在1954年。

这一年,湖南要整修洞庭湖。因为一遇到暴雨季节,洞庭湖就会泛滥成灾,给人民的生命财产带来危险。

省政府号召全省人民有力的出力,有钱的出钱,大家都应该支援重点水利建设。

政府这么一号召,全省上下都迅速行动了起来,有的捐钱,有的送米送柴,到处都掀起了支援整修洞庭湖的热潮。

雷锋想,自己是个孤儿,吃饭穿衣都是乡政府负担的,拿不出什么东西来支援水利建设事业,怎么办呢?

有一天,他从读报课上听到一条消息:

为了抢时间、抓质量,赶在汛期到来以前修好洞庭湖的水利工程,许多民工常常在草鞋供应不足的情况下,赤着脚在工地上奔波和劳动。

这个细节使雷锋陷入了沉思。他想,民工伯伯们为了人民的利益,这么辛苦地劳动,有时连一双草鞋都穿不上,我不是从小就学会了编织草鞋吗?为什么不能帮助他们多编织几双草鞋呢?

于是,那些日子里,一放了学,雷锋就利用从同学家借来的草鞋耙子,坐在家里专心致志地编织草鞋。

一开始,他把编织好的草鞋送到乡政府陈秘书办公室时,秘书笑着说:"太小了哦,也太松了,像水爬虫一样,你以为民工叔叔们的脚板也像你的一样小吗?"

雷锋顿时羞红了脸,赶紧回家重新编织。

他还特意跑到黄花塘公路旁边一个最会编织草鞋的老爹爹那里,请他教自己怎么把草鞋编得结实耐穿。

老爹爹弄明白了雷锋的意图,就夸奖他说:"好啊,小小年纪,就晓得替政府分忧,为国家着想。真是毛主席教育出来的好伢子啊!"

雷锋认真地跟着老爹爹学编草鞋。他一边帮老人家添草,一边仔细地看着老人家的编法,把该注意的事项都默默地记在了心里。

经过了一些时候,雷锋的草鞋越编越好了。

他经常熬到半夜,宽大的草鞋编织了一大堆。

这一次,当他把自己编织好的草鞋再送到乡政府时,陈秘书惊奇地说道:"好了不起啊,庚伢子!你是在变戏法吧?编这么多草鞋,没有累坏身体吧?"

"当然没有啦!"雷锋乐滋滋地说道,"一想到民工伯伯能穿上草鞋挑土挑泥了,我也就浑身都是劲头了。"

陈秘书夸赞他说:"好孩子,你知道吗,你这是在编织着对修整洞庭湖的民工们的深情厚谊，在编织着对祖国建设事业的诚挚的爱啊！"

九 小鹰展翅

1956年上学期末,望城县安庆乡荷叶坝中心小学第一届第一班,全班四十七名高小学生,就要毕业了。

当时,全班有三十多个同学升入了望城县一中,继续学习。

本来,乡政府也打算让雷锋到县里继续念中学,但由于当时农村知识青年很缺乏,乡亲们都希望雷锋留在乡里,一边做个新式的农民,一边发挥他的知识才能,为家乡做些文化上的事情。

那时,全国的农业合作化运动正在蓬勃兴起;祖国各地的工业建设也在大规模地展开;火热的生活在召唤每一个有志向的青年人。

许多知识青年离开了学校后,都纷纷地加入到祖国的工农业建设的行列之中。

雷锋,也像一只刚刚展开翅膀的小鹰,多想到更远的天空飞翔!

毕业后,他没有继续到县城里学习,而是直接参加了革命工作。

他担任了乡政府通讯员,兼任简家塘生产队的记工员。在当时,这是一份人人都很羡慕的工作。没有一定的文化知识,可是做不来的哦!

他替乡政府送公函,送通知;他帮助乡政府搞统计,制表格;农忙季节,他白天和社员一起下地出工,晚上就在灯下记工分、参加学习。只要是他能干的工作,他都主动地找来干。因此,大家对他的工作很满意。

当地群众都说:"小雷到了乡政府以后,乡政府都变了样儿。"他们的意思是说,雷锋把笑声、歌声带到了他所到的每一个地方。

就在雷锋当通讯员和记工员的日子里,他参加了高级班夜校学习,被评选为"学习积极分子"。

他勤奋、扎实的工作作风,赢得了干部和群众一致的好评。

不久,雷锋就被调到中共望城县委会办公室当了一名公务员。这时候他已经十七岁了。

他的人生履历,从此又展开了新的一页。

他后来在一篇日记里写道:"青春呵,永远是美好的,可是真正的青春,只属于这些永远力争上游的人,永远忘我劳动的人,永远谦虚的人!"

他是这样想的,也是这样做的。

白天,他忙着工作;晚上,就在机关业余中学参加学习。他在县委会里,手脚勤快,工作得有条有理,从不拈轻怕重。

他对自己严格要求,对公家的财物也十分爱护。每一次购买"公债"时,他都积极带头,被同志们评为模范。

那时候,雷锋经常跟着县委张书记一起下乡。张书记也很喜欢这个有着圆圆的脸庞的小同志,一口一个"小雷同志"地称呼他,显得十分亲切。

雷锋也觉得,张书记就好比自己的亲人一样。整个县委大院,也像一个温暖的大家庭。

平时,雷锋给张书记送信、送文件;一有空闲,张书记和县委其他几位领导就会拉着雷锋问长问短,关心他的冷暖和进步,或者给他讲一些战争年代的斗争故事和革命道理。

在党的阳光雨露的滋润下,雷锋在思想上迅速地成长着,在生活上也过得十分快乐和幸福,每天好像有着使不完的劲儿。

张书记下乡,他跟着下乡;张书记开会,他跟着开会;有时,张书记在夜间工作,他就在一边为他送水端茶。

张书记经常给他讲一些革命故事。如上海工人斗争啦,"八一"南昌起义啦,井冈山的斗争啦,还有红军二万五千里长征和八路军、新四军抗日的故事,等等,雷锋都是从张书记那里听到的。

有一次,张书记又给雷锋讲到毛主席在湖南领导秋收起义的故事。

"……在一次激烈战斗中,有一个共产党员不幸被捕了,敌人施尽了各种酷刑,无论怎么拷打他,可他就是咬紧牙关,一个字、半句话都没有说,真称得上是宁死不屈、大义凛然啊!"张书记感叹地说,"我们共产党人,就是用最坚硬的钢铁铸成的,是任何力量都不能让我们屈服的啊!"

雷锋听了,陷入了深深的沉思之中。

过了许久,他抬起头,严肃地、字字有力地对张书记说道:

"张书记,我明白了!我也要做这样的人!"

"这太好了。"张书记说,"小雷同志呀,你能这么严格要求自己,我们都为你高兴!现在咱们过上了好日子,可是打江山容易保江山难啊!为了使我们的红色江山永不变色,你一定要好好工作,努力学习,争取做一个共青团员和共产党员,更好地去为人民服务,保护咱们的胜利果实,为革命事业做出更多的贡献。"

雷锋使劲地点着头,把张书记的这一番话牢牢记在了心中。

从此,雷锋在日常工作中更加严格要求自己,处处留心向县委的老同志学习。

有一天,雷锋跟着张书记一起出去开会。

走着走着,雷锋看见路面上有一颗小小的螺丝钉。他并没在意,走上前踢了一脚就走开了。

张书记也看见了,却回过头来,不声不响地走过去,弯下身子把这颗螺丝钉拣起来,装进了衣袋。

雷锋感到很奇怪,一个县委书记,捡一颗小小的螺丝钉有什么用场?

几天之后,张书记派雷锋到县农业机械厂去送一封信。

临去前,张书记掏出那颗螺丝钉,让雷锋顺便带给机械厂,然后告诉他说:

"小雷呀,国家现在底子还很薄,我们要搞建设,就应该艰苦奋斗,勤俭节约。可不要小看一个小小的螺丝钉,大机器上缺少了它可不行呢。滴水能积成河、粒米可积成箩呀!"

"原来是这样啊!"雷锋瞪大着眼睛,望着张书记。

他从张书记身上,认识到了共产党勤俭节约的优良传统。

从此以后,他在日常生活中不再乱花一分钱,不再浪费一张小纸片。他把节约下来的钱,哪怕是一个分币,全都悄悄储存了起来。

温暖、愉快的工作环境和生活氛围,特别是来自同事们的温暖、朴素和亲切的友爱与关怀,使雷锋越来越真实地感到,新旧社会真是"两重天"啊!

有时候,想起过去的生活,想起自己童年的遭遇,特别是当他想起苦命的妈妈的悲惨遭际时,他就会不由得感到心酸,禁不住会流下眼泪。

有一次,张书记无意中看到雷锋躲在一边默默流泪。

张书记以为他受了什么委屈,连忙问他:"小雷,怎么掉起眼泪来了?是谁委屈你了吗?"

"没有,没有,同志们待我都很好,就像我的亲人一样。我……我只是一想到旧社会,想到我苦命的妈妈,心里就难过得……"雷锋对张书记从不隐瞒什么。

这时候,张书记连忙掏出手帕,放在雷锋手里,亲切地说道:"是啊,过去的苦日子,谁想起来也会不好受啊!不过,都这么大的小伙子啦,常掉眼泪可是没出息呀,快,把眼泪擦干。男儿有泪不轻弹嘛!"

雷锋哽咽着一边答应着,一边擦干了眼泪。

张书记等雷锋抬起头来,就拉起他的手,抚摸着他手背上的伤疤说:"对啊,常常想着过去,不忘过去,这很有必要。要做一个革命者,就是应该牢记阶级苦,不忘血泪仇,应该从旧社会所受的苦难中,汲取强大的力量,激励自己更好地去做好革命工作。"

雷锋望着像父亲一样的张书记,重重地点着头。

张书记语重心长地接着说道:"小雷同志啊,你还要明白,你过去受的苦,挨的打,还不仅仅是你一个人,也不仅是你一家人的。那是咱们整个贫苦的工农阶级的苦难。咱们现在所过的幸福生活,是共产党、毛主席给我们带来的,是无数革命先烈流血牺牲、用一条条生命换来的!我们活着的人,应该加倍珍惜今天这得之不易的幸福,应该把自己的全部力量都献给革命工作……"

张书记的一席话,就像一缕缕雨后的阳光,照亮了和温暖着雷锋的心坎。又像一把钥匙,打开了雷锋的思路。

他明白,这些革命的道理,就像是滋润他成长的阳光雨露,都是十分珍贵的。他一点一滴地都牢记在心里。

他在革命队伍中迅速地成长着。后来,他在《党救了我》这首诗的最后,这么回忆他在县委机关工作这段日子的心迹:

难忘的1956年最后一天,
我站在团旗下面,
举起右手向团宣誓。
我念完了高小,
踏进了望城的县委机关,
我要好好工作、听党的话,
为祖国发出热和光。

1957年2月8日,十七岁的雷锋,由一名少先队员,光荣地加入了中国共产主义共青团组织,成了一名光荣的共青团员。同时,他又被评为县委机关的工作模范。

十　团山湖的阳光

时光的脚步,向着一个又一个明天迈进。雷锋的人生理想,也在向着一个又一个高峰攀登。

让我们继续往下讲述共青团员雷锋的故事……

望城县近郊,有一条宽阔的大河,名叫沩河。新中国成立以前,一到夏季的汛期,这条大河经常泛滥成灾。洪水给沩河两岸人民的生命财产带来了很多危害。

1957年秋末冬初,望城县委和人民政府决定治理沩河,完成一个根治洪灾的水利工程。

许多青壮年,都报名加入到了治理洪灾的第一线。

雷锋在县委机关里也早就坐不住了。他先后三次报名,要求离开县委机关,投身到工程的第一线。最后,县委办公室看他心情恳切、态度坚决,就同意了他的请求。

在治沩工地上,雷锋发挥了一个年轻的共青团员的模范带头作用,每天总是生龙活虎地工作着,任凭劳动强度多大,也从不叫苦喊累。

每天,他高高地挽着裤腿,卷着袖子,挑泥、运土,好像有着使不完的劲儿。在他的带领下,许多共青团员和要求进步的青年,苦干加巧干,成了工地上一道最引人注目的劳动风景。

因为雷锋工作认真,吃苦耐劳,最后在工程竣工、评功大会上,他被评为治沩工地"劳动模范"。

第二年春天,紫燕呢喃的时节,又一个振奋人心的建设消息传来:县委决定在辽阔的团山湖开办一所农场。

这是建设家乡、改造家乡的又一个美丽和宏伟的工程。

当时,因为县里的建设资金不够,共青团望城县委响应党委的号召,动员全县青少年,捐献出各自的一点一滴的积蓄,争取能够用捐献出的钱,去购置一台拖拉机!

雷锋听到这个消息,真是高兴啊!

他二话没说,赶紧跑回宿舍,把自己省吃俭用节约下来的那点钱,一分不留,全部捐献了出来。

他捧着自己的积蓄,对团支部书记说:"党每月给我的钱,我花不完,也舍不得多用一分一厘,现在,全捐献给农场,用于购买拖拉机吧。"

当时,雷锋的捐款,在全县青年团员和青少年中,是最多的。

张书记得知了这件事情,非常高兴,就故意问雷锋说:"小雷,听说你把自己的钱都捐献出去买拖拉机了?你难道……"

"怎么,张书记,我这样做……有什么不对吗?"雷锋见书记的脸色有点严肃,就反问道。

"对是对,可是,你难道不想为自己的将来做一点准备,留下一点以备急需……"

"不需要,国家的急需、政府的急需,比我个人的急需更重要,所以我……"

"好小子!"张书记听雷锋这么一说,高兴地拍着他的肩头说,"到底是一名共青团员啊!有进步,有进步!了不起!了不起啊!做得好,就是应该这样!这表明了你对社会主义建设的热情……"

"不,张书记,和刘胡兰、董存瑞、黄继光那些英雄人物相比,我还差得很远呢!我愿意在以后的日子里,事事以他们为榜样!"

张书记听了,眼睛一下子湿润了。

"多好的青年人啊!我们的红色江山,不依靠他们还依靠谁呢!"他想。

"不过,现在言归正传,"张书记说,"县里打算让你去学习开拖拉机,如何?"

"开拖拉机?"

雷锋一听,心里顿时乐开了花。

是啊,驾驶着我们自己的"铁牛",轰隆隆地奔驰在我们自己的国营农场的田野上,耕耘着祖国肥沃和辽阔的大地……

这是多么令人向往的工作啊!

不过,一想到这样一来,他就必须离开像亲人一样的张书记了,他是多么舍不得啊!

张书记看出了雷锋的心思,就笑着说:"翅膀长硬实了,就应该展翅高飞嘛!都是干革命工作,在不同的岗位上为人民服务,又不是什么生离死别……"

就这样,1958年春天,正是春风浩荡、春汛奔腾的时候,雷锋来到了一个崭新的劳动战线——团山湖农场,成了一名光荣的拖拉机手。

当他第一次坐进高高的拖拉机驾驶台的时候,那个兴奋和激动啊,简直无法形容。

以前他只在苏联电影里看到过那些英姿飒爽的年轻的拖拉机手。

想不到,现在他也要亲自驾驶自己的"铁牛"了!

他开始一点一滴地跟着上面派来的驾驶员师傅学习拖拉机驾驶技术。

他学得真是认真仔细啊。操作方法、拖拉机各部分的名称、保养要点……一点一滴他都牢记在脑子里。

回到宿舍还仔细地写在本子上,生怕漏掉了什么。

终于可以自己开动和驾驶了!

那一刻,雷锋的心突突地跳得很快,生怕发动不起来。那么多人都在看着他啊!

他又怕自己力气不够,把不稳方向盘;甚至怕转不成弯,找不准方向,或者刹不住车。他的心情真是又紧张又兴奋,手脚不由自主地颤抖起来。

师傅鼓励他说:"不要怕,小雷,要放勇敢些,你能行的!"

他长长地舒了一口气,就开始发动了。

果然,当他把油门加大,把离合器向上一推,拖拉机就轰隆隆地开动了。

一开始时,拖拉机并不完全听他指挥,总想转弯似的。

不过,不一会儿,雷锋的心情就平静下来,手脚也不发抖了。拖拉机就像一条"犟牛",终于被他驯服得俯首帖耳,完全由他使唤了……

从此以后,雷锋就成了望城县团山湖农场的一名名副其实的优秀拖拉机手。

他驾驶着"铁牛"纵横驰骋在团山湖农场的田野上。

在风雨中,在朝霞里,在阳光下,在晚霞里,在星光下……他幸福和快乐地耕耘在祖国的大地上。

他的青春,他的理想,他的热情,他的希望,也随着他的汗水,挥洒在广阔的土地上。

不久,他怀着激动的心情,给《望城报》写了一篇《我学会开拖拉机了》的散文,向乡亲们报告了一个苦孩子成了一名拖拉机手的经过。1958年3月16日,县报登出了这篇文章。

当时,他还在自己的日记本上写了一首很长的抒情诗《南来的燕子啊》,抒发了他对社会主义农场的热爱与赞美之情,寄托了他对伟大的共产党,对祖国的大地,对自己美好的理想与未来的赞美与热爱。

从这首诗歌中,我们也可看到一个年轻的共青团员的朝气蓬勃、心志高远的精神状态,看到那个时候中国社会主义建设的火热景象:

　　南来的燕子啊!
　　新来的候鸟,
　　从北方飞到了南方,
　　轻盈地掠过团山湖的上空,
　　闪着惊异的眼光。
　　我听清了呢喃的燕语,
　　像在问:
　　"为什么荒芜的团山湖,
　　今年改变了模样?"

南来的燕子啊！
让我告诉你吧：
团山湖这片未开垦的处女地，
是由于党的巨大的力量，
才围垦成一个新的农场；
是他们——农场的工人们，
用勤劳的双手，
给团山湖换上了新装。

南来的燕子啊！
也许母燕曾向你说过旧时的惨象。
往日的团山湖——
湖草丛生，满目荒凉，
洪水一到，一片汪洋，
十年前有人三次收款，三饱私囊，
围垦团山湖只是一个梦想。
如今的团山湖啊——
良田万顷，满垄金黄，
微风吹过一片稻香。
新修的长堤像铁壁铜墙，
洪水已再不能称凶逞狂。
红旗插在社会主义的农场，
到处是谷满仓、鱼满舱，
祖国又添了一个"鱼米之乡"。

南来的燕子啊！
你可不用惊呆。
不是晴天里响起了春雷，
而是拖拉机在隆隆地开；
不是沟渠里的水能倒流，
而是抽水机在把积水排。
为什么草坪上格外喧腾？
那是饲养员在牧马放牛。

南来的燕子啊！
你是这样轻快地飞翔，
许是欣赏这美丽的景象：
蜿蜒的八曲河像一条白银管，
灌溉这片肥沃的土地，
团山湖与乌山对峙，
是天生成的一幅屏障。
这景象是诗情也是画意，
活跃在这诗画般怀抱里的工人，
更是些生龙活虎般的健将。
有的是双手拿惯了锄头，
有的是才放下笔杆才放下枪。
他们豪迈地这样说：
这是一所新的国营农场，
也是一所露天工厂，

还是一个培养红透专深人才的学堂。

……
南来的燕子啊!
你不用再寻旧时代的屋梁,
无论你飞到哪里,
再也找不着你从前住过的地方。
去年这里是荒凉的地方,
今年变成了高大的厂房,
欢迎你到新的农场宿舍来拜访。
但得请你告诉我,
你可知道你所飞过的地方,
……
新建了多少这样的农场?

十一　纯真的友谊

　　如果你是一滴水,你是否滋润了一寸土地?如果你是一线阳光,你是否照亮了一分黑暗?如果你是一颗粮食,你是否哺育了有用的生命?如果你是一颗最小的螺丝钉,你是否永远坚守在你生活的岗位上?如果你要告诉我们什么思想,你是否在日夜宣扬那最美丽的理想?你既然活着,你又是否为未来的人类的生活付出你的劳动,使世界一天天变得更美丽?我想问你,为未来带来了什么?在生活的仓库里,我们不应该只是个无穷尽的支付者。

这是雷锋在团山湖工作时,1958年6月7日这天,在日记里写下的一段美丽、抒情的文字。

　　正当青春年华的雷锋,和许多同龄人一样,也有着自己丰富和细腻的感情世界。

　　他吃过很多苦,因此更加懂得今天的快乐和幸福的珍贵。他很早就失去了父爱、母爱和家庭的温暖,因此对来自同志间的关怀和温情,也更加敏感和更知道珍惜与维护。

　　在团山湖农场,有一个名叫王佩玲的女孩子,原本是望城县坪塘区供销社的营业员。1958年春天,小王也来到了农场参加劳动锻炼,和雷锋工作在一起,人们都称呼她"小凌"。雷锋还为她取过一个化名叫作"黄丽"。雷锋比她小三岁,所以平时称她"黄姐"。

雷锋和黄姐都很喜欢看书,他们看书的兴趣也很一致,像《钢铁是怎样炼成的》《刘胡兰》《卓娅和舒拉的故事》《家》等,他们都彼此交换着读过和讨论过。

雷锋和黄姐都是共青团员,又在一个团小组里生活,两个人接触的机会很多,彼此之间都有了那么一种朦胧的情感。

雷锋有个小小的藤条箱子,里面装了不少他积攒的图书。

黄姐经常找雷锋借书看,借了一本又一本。

雷锋买到了什么新书,也会及时地向黄姐推荐。

雷锋在《望城报》上发表了文章,细心的黄姐就会特意把它们剪下来,夹在自己的日记本里。

雷锋写出了新的诗歌,她也总是自告奋勇地拿到团员们组织的晚会上朗诵。

有时,她还悄悄给雷锋洗洗衣服、补补袜子、编织手套什么的。

雷锋觉得,有这么一个善良的好姐姐在悄悄地关心着自己,真是幸福啊!

这年夏天,雷锋给小凌写了一封信。信上这样写道:

小凌:

给你写信的此刻,已经是深夜一点钟,我刚上完班回家,今夜整整忙了四个钟点,我真是很疲倦了。

我拧亮台灯,坐下来给你写信,疲倦就立刻飞去了。宿舍里的人都已入睡。窗外繁星满天,明亮的月光从外面射了进来。在窗内还可以看到田野里成熟的高粱、玉米、稻谷在随风摆动,好像在向我点头,在向我微笑。它们都好像要陪我给你写信似的。我是多么愉快呀,真是高兴极了。

我相信你也会感到如此的兴奋,我有不知多少话要跟你说,却不知从何说起,谈话并没中止,写到这里告一段落。

我们现在看到的是这封没有写完的书信的底稿。

从这封信里,我们也不难想象,年轻的雷锋内心里也有自己隐秘和细腻的感情与期待。

秋天来了,农场里一片丰收的景象。

这一天,有人从县招待所给雷锋打来一个电话。给他打电话的人是招待所的一个服务员,原本在县委机关当通信员的小张。

原来,鞍山钢铁公司派了个招工小组来县里招收青年工人,现在就住在招待所里。

小张已经和来招工的人谈过了,自己很想报名到鞍山钢铁厂去当工人。他希望雷锋也能和他一起报名。

雷锋听到这个消息后,想到祖国正在轰轰烈烈地进行工业建设,自己要是能成为一名钢铁工人,那么就可以为祖国做出更大的贡献了。

在征得县委领导的支持和农场领导的同意后,雷锋也正式报了名。

填表时,他和小张同时都为自己改了名字。

雷锋原来的名字叫雷正兴,小张原名叫张稀文。

见雷锋在填写自己的那张表时,在姓名栏里写了"雷锋"两个字,张稀文有点纳闷,就问道:"小雷,你写的这是谁的名字?"

"我的呀。我想过了,'雷正兴'是以前的那个孤儿的名字,我早已经不是个孤儿了……我想了好久,是用山峰的'峰'字,还是用冲锋的'锋'?现在想好了,干脆到鞍钢去打冲锋吧,所以就决定用冲锋的'锋'字。"

"好响亮的名字!"小张忍不住赞叹说。

"唉,从前我家很穷,我没机会多念几天书,文化水平太低了。"小张接着又说,"干脆你也替我另改个名字吧。我对自己这个名字也不满意。本来文化就少,'稀文',不是更稀少的意思吗?"

"说得也是。"雷锋略一思索,说道,"你看改叫'建文'怎么样?"

"好,就改为'建文'。"

没几天,雷锋要到鞍钢去的消息,很快就在农场传开了。大家都有点舍不得他离开农场呢!

临别前,那些曾经和他朝夕相处的伙伴,有的拿来日记本请他签名留言;有的找他谈心话别;有的送来相偶、点心和纪念品。

黄姐平时爱笑爱唱的,和雷锋相处得很融洽。现在,雷锋突然就要走了,她怎能不伤心呢!

就在雷锋临走的前一天,她拿来一本墨绿色绸面烫金日记本送给了雷锋。

"小雷弟弟,这是姐姐的一点心意,收下做个纪念吧。"

"谢谢黄姐。"雷锋双手接过来,说,"黄姐以后要多多保重哦!我在北方一定会好好工作,不辜负黄姐的期望。"

"是金子,无论在哪里都会闪光的!姐姐相信你!"黄姐说着,眼睛就有些湿润了。她强忍住眼泪,继续说下去,"我在本子上写了几句话给你。明天还要下田干活,就不去送你了。你要好好照顾自己啊……"

说罢,黄姐就带着几分伤感,转身离开了雷锋的宿舍。

雷锋明白,这次分别,不知道什么时候还能再见面。

目送黄姐走远后,他翻开日记本,看到了黄姐那娟秀的字迹:

亲如同胞的小雷弟弟:

你勇敢聪明,有智慧,有远见,思想明朗,看问题全面,天真活泼,令人喜爱。你有外在的美和内在的美,对任何同志都抱着极其信任的态度……这一切结合起来,才算得上我心爱的弟弟。

弟弟,你值得人羡慕的还多着哩,是青年中少有的,在社会主义建设中是会做出很大的贡献的。你的干劲和钻劲使你勇往直前。希望你在建设共产主义的事业中把自己全部的光和热献给全中国、全世界,让人们都知道你的名字,使人们都热爱你,敬佩你。弟弟,希望你实现做姐姐的理想。

在临别之前,要把我内心的千言万语说完是办不到的。我是不愿意弟弟离开的。但祖国钢都需要你和等着你呢。弟弟,前进吧!

前途是伟大的,光明的。姐因文化程度太低,不能把我内心想说的都写出来,只好就此搁笔。

你姐　黄丽

1958年11月9日

捧着这珍贵的留言,雷锋激动地看了一遍又一遍。他的眼前,似乎又闪过了黄姐那深情、伤感和带着一点幽怨的脸庞。他仿佛感觉到了一点什么,却又不能把这种感情理清楚。温暖和伤感,交织在他年轻的心中。

这一瞬间,他甚至竟有点后悔了:为什么一定要离开家乡,离开农场,离开朝夕相处的伙伴,离开好心的黄姐姐呢?

但是,远方已经在召唤着他了。他的背包已经打好。明天他就要出发,踏上北去的列车了。

他擦了擦潮湿的眼睛,在心里说道:"请你放心吧,亲爱的黄姐,我会按着你的期望和祝愿去做的!我不会让你失望的!"

十二　祖国的召唤

这天晚上,长沙车站上灯光闪耀。

鞍山钢铁厂在湖南湘潭、长沙和望城招收的青年工人,就要离湘北上了。前来送别的人群,熙熙攘攘,十分热闹。

突然,雷锋在人群中发现了一个熟悉的面孔。

"杨华!"雷锋兴奋地喊道,"哎呀,还真是你啊!你也报名到鞍钢了呀!"

杨华是望城县二中女子篮球队的一名队员。有一次,她们二中篮球队曾和雷锋所在的团山湖农场篮球队打过比赛。

意外的相逢使他们都感到惊喜。

"小雷,真没想到,你在家乡的国营农场干得好好的,竟也报了名到遥远的北方去!"

"你不是也一样吗?"雷锋笑着说,"哪里需要就到哪里去嘛!再说,我这个人打篮球都不服输,现在要为祖国去炼钢,我能甘心落后吗?怎么,你连篮球都带上了?"

雷锋看到杨华手上的网兜里装着一只篮球。

"是啊,没准到了那里,还可以组织人打几次比赛呢!"杨华得意地扬扬头说。

这时候,张建文也赶到候车室来了。

同车北上的新伙伴们也都陆续到齐了。

雷锋看到,家住长沙市内的人,多半都有亲人前来送行。

在雷锋他们对面,就站着一位前来送行的妈妈。

她一边擦拭眼泪,一边对跟前一个留着短辫的姑娘不停地叮嘱着什么。

姑娘大概也是第一次远离家门,眼圈都哭红了,嘴里还不断地说道:"妈妈,你回去吧,快回去吧……"

可那位妈妈仍然舍不得转身离开,就那样默默无言地站着不动,在等待列车开动。

雷锋走过去亲热地叫了一声"大娘",然后说道:"天这么晚了,路不好走,女儿让您回去就回去吧。您放心,我们这么多人一路走,会互相照应的……"

老妈妈到底让雷锋给劝回去了,姑娘的脸上也露出了笑容。

不一会儿,鞍钢招工小组的一个同志,站在椅子上宣布了旅途注意事项和编组名单。

雷锋被指定为第三组组长。组员有张建文、杨华等二十多人。

雷锋和本小组的伙伴一一打过招呼,逐个给他们分发了车票和旅途生活费。

检票铃声一响,雷锋便招呼本组人员排队进站台。

火车终于开动了。雷锋和伙伴们的心也随着车轮的滚动而变得激动起来。

他们都明白,故乡,将离他们越来越远了。而新的岗位、新的生活,正在前方等待着他们、召唤着他们。

第二天上午八时整,列车驶进了武昌站。

大家都很高兴在这里换车。因为这样一来,他们可以在九省通衢的武汉三镇逗留七八个小时呢。

领导上安排,各小组的人自由组合去观光游览,然后在规定的时间内返回车站。

雷锋、杨华等人决定一起去看看雄伟的武汉长江大桥。

辽阔的江面上,一桥飞架南北,滚滚长江两岸,因为这座公路和铁路双层的大桥而变成通途。

望着这雄伟的大桥,雷锋感到非常振奋。

"我的天哪!你们看,桥墩上的桥身、桥梁,原来全是钢铁的呀!"

雷锋睁大了眼睛,禁不住赞叹道。

"是呀,是呀,全部是用钢铁建造的。这得需要多少钢铁呀!"

"这是我国建成的第一座横跨长江的大桥,听说,今后还要建很多这样的大桥,那样就会需要很多的钢铁!"

"所以我们要去鞍钢啊!将来呀,说不定哪一座大桥,就是用我们炼出的钢铁建造的呢!"

"说得对呀!那个时候,我们该有多么自豪啊!"

你一句、我一句地说到这里,这些年轻人不由得交换了一下眼神,似乎在互相鼓励着:

鞍山啊,我们来了!

我们就要成为真正的钢铁工人了!

列车载着这些满怀憧憬的年轻人,继续向北,向北飞驰……

一路上,扬旗起落,灯火闪烁。

雷锋坐在车窗边,望着窗外飞快闪过的田野、村庄、树林和城镇,心情一直难以平静。

他的心在向着北方飞驰,恨不能一瞬间就到达目的地——鞍山。

十三　意气风发

离开了自己的家乡,来到了东北的鞍山,雷锋感到一切都是那么新鲜。

这也是他第一次走出县城,来到大城市;第一次离开农业战线,来到工厂,来到一个大型的工业基地。

"我的天哪!我们的鞍钢真是大啊!"

看着"钢都"宏伟的建筑、连绵的厂房和高耸入云的座座烟囱,雷锋不由得发出了惊叹。

鞍钢的老工人们敲锣打鼓,前来迎接这批新工人。

为了让新来的同志熟悉自己的工厂,厂里先安排他们到各个车间、工地去参观。

在冶炼车间,雷锋看到工人师傅个个挥汗如雨,站在通红的炉门前挥舞着钢钎,争分夺秒地工作着,不禁深为感动。

"师傅,学会炼钢需要多长时间?"雷锋向一位工人师傅请教说。

"专心学,用不了多久就能学会。"师傅好奇地问道,"小同志,莫非你想到咱们冶炼车间来?"

"当然想啊！就怕不够资格呢！"雷锋说，"我要能争取来这里工作就好了。"

"欢迎你来,欢迎你们都来！只有拿起这长长的钢钎,戴上这蓝色的探火镜,才算个钢铁工人嘛！"

"师傅,您说得太好了！我们一定来！"

可是,最终分配工种的时候,人事部门考虑到雷锋原来开过拖拉机,有驾驶技术,就把他分配到了鞍钢化工总厂洗煤车间,当了一名推土机手。

没有能够直接拿起长长的钢钎,站在通红的火炉前炼钢,雷锋心里觉得不那么满足。

来到化工总厂洗煤车间,他见到了车间的于主任。

雷锋坦率地对主任说："主任,我是一心一意想来当一个炼钢工人的,为什么叫我开推土机？"

于主任是个老工人出身的车间干部,为人很直爽,因此他也十分喜欢雷锋这么直爽的性格。他也很了解这些兴冲冲地跑来,一心想当个"真正的炼钢工人"的小伙子们的心思。

于是,他给雷锋解释说：

"小雷同志,你刚来,显然还不了解炼钢的复杂过程,也不知道大工业生产中各个环节的联系性。你不知道,开推土机也是炼钢工作的一部分呀！"

"什么？开推土机也是……炼钢的一部分？"雷锋有点茫然地问。

"是呀,就拿咱们洗煤车间来说,每天都会从外面运来大量的煤,需要我们把煤先炼成焦,有了焦,才能炼出铁来哪！"

"什么什么？主任,请您仔细讲讲。"雷锋睁大了眼睛。

"……我们在这个车间,把煤炼成焦时产生的煤气,输送到整个炼钢厂。有了充足的煤气,钢才有可能炼出来啊!这种大工业生产,就像一架大机器,每一个车间和每一种工种,就像这台机器的一个零件,一个小小的螺丝钉,谁也离不了谁。你想,机器缺少了螺丝钉,还能转动吗?"

机器,零件,螺丝钉……

雷锋感到这些话很耳熟啊。

对了,以前张书记不就是这样说过的吗?自己怎么把它忘掉了!

干革命工作,怎么能够挑挑拣拣的?一个真正的革命者,不就是要做一颗革命所需要的螺丝钉吗?

想到这里,雷锋明白了。他豁然开朗,快快乐乐地登上了高高的推土机的驾驶座。

从这一天开始,他就专心致志地向老师傅学习开推土机的技术。

每天上班,他总是提前来到现场,先帮助师傅做好准备工作,省得耽误师傅的时间。

师傅开车的时候,他站在一旁给师傅引路,一面仔细地观察师傅的操作。

有时,一列车煤推完了,新的煤车还没有来到,推土机就得等待一会儿。煤场在露天作业,天冷的时候,雷锋总是催促师傅说:

"师傅,你到屋里去暖和暖和,机子我来掌握着。"

有时,会正好碰见别的师傅在检修机器。每当这时候,他就是已经下了班也不愿意马上离开。

他觉得这是个最好的学习技术的机会。他总是走过去帮着做这做那，趁机学到一些修理技术。

有一次，雷锋驾驶的那辆推土机的滑油泵出了毛病。

检修的时候，一般都是由师傅动手，徒弟在一旁打下手，递递扳手和零件什么的。

雷锋却主动提出："师傅，可不可以让我试试？"

"你？能行？你可是没有学过检修啊！"师傅满脸的怀疑。

"试试嘛！没听人家说过吗，'名师出高徒'……"

"好，那好，那就请'高徒'试试看。"

于是，雷锋请师傅在一旁指导，自己代替师傅钻到车底下去检修。

不一会儿，一切都检修完了。

雷锋请师傅去检查验收。竟然全部合格！

师傅惊奇了："好小子！不赖呀！打哪疙瘩学的？真了不起！"

雷锋很快熟悉了推土机的性能，学会了驾驶。

师傅们见他这么勤快，又这么好学，就更加殷勤地教他，爱护他。师傅们都亲切地唤他"小雷子"。

有一次，雷锋单独开推土机推煤时，不小心把旁边的火车铁轨撞弯了。

老师傅心疼铁轨，就批评了雷锋几句。

雷锋心里也十分难受。

第二天，师傅想到小雷子一向工作很卖力，也很仔细，这次撞弯铁轨，当然是个偶然事故，换了谁，在工作中也都难免的。师傅觉得对小雷子要求太严了，就找他谈话，想安慰他一番。

师傅说:"常在河边走,哪能不湿鞋。师傅也是为你好,不要太放在心上,以后多注意就是了。"

雷锋说:"师傅,你理解错了,你以为我是因为你的批评难受吗?不,你批评得很对!我难受,是因为给国家财产造成了损失!你批评我,是为了帮助我以后少出差错啊!我的技术还很差,以后师傅还应当更加严格地要求我,帮助我进步。"

"小雷子,你真是……师傅有你这样的徒弟,真是……真是长脸啊!"

开推土机铲煤这个工作,看上去简单,其实也有许多讲究。

有时,推土机用力太猛,会铲起地下的泥土。不少人可能认为,那么多煤堆,铲进去一点点泥土算什么呢!有时,为了保证推煤速度,开推土机的遇到这种情况也很少去管那么多。

然而,雷锋却不这么认为。

他对同事们说:"可别小看这一点点泥土,它们掺在煤里,就会影响炼焦的质量;焦的质量不好,就影响炼铁炼钢,危害不是很大吗?我们可不能马虎对待啊。"

因此,他在推煤的时候,只要发现了推土机的铁铲铲上了泥土,就会立即下车去把它们挑出来。

偶尔,见到了别人驾驶的推土机上也铲到了泥土,他也会设法帮助挑出来。

他这种认真的、一丝不苟的态度,让同事们深为感动。他为此也多次受到师傅和领导的表扬。

可是雷锋却觉得自己所做的,并不值得特别表扬。

有一次,表扬会结束后,雷锋对师傅说:

"师傅,你们老是表扬我,不怕我'翘尾巴'吗?还是多给我提提缺点吧!那样更能帮助我进步呢。"

师傅笑着说:"你为啥老叫人给你提缺点?我们没有看到你有什么缺点呀!"

"师傅,你这是在挖苦我吧?我知道,我离党的要求,离师傅们的要求,还差很远……"

"唉,小雷子,你真让师傅放心啊!要是人人都能像你这样要求自己,咱们建设祖国的步伐还会迈得更快啊……"

雷锋热爱自己的工作,热爱自己的工厂。

这一年,他在日记本上又写下了一首诗歌《我可爱的工厂》,抒发了他对鞍钢的热爱,以及作为一个社会主义新工人的自豪和骄傲:

汽笛,对着初升的朝阳,
情不自禁地高声歌唱,
迎接英姿焕发的工人走进工厂。
啊,钢铁的心脏——鞍钢,
为了祖国的工业化,
你永远不知疲倦地繁忙。
你那高大的厂房,
建筑在数十里的土地上。
红彤彤的铁流,
像滚滚的长江水一样,
昼夜不停地奔忙。
如果谁要是在远处瞭望,
就能看到鞍钢全部的景象:

从森林般的大烟囱里，
吐出一股股黑黑的浓烟。
夜晚像无数条火龙在闪闪发亮，
把浓烟映得像五彩缤纷的彩云一样。
在这浓烟下面，
就是我们工作的厂房。
呀！真仿如神话般的天堂，
这里的工厂主人，
都在日以继夜地繁忙，
热情地歌唱。
歌唱我们的新生力量，
歌唱我们的厂房——鞍钢焦化厂

十四　小渠流向大江

像许多正处在青春期的年轻人一样,雷锋也是个十分爱美的青年。

下班之后,年轻的伙伴们脱下工作服,洗完澡,都换上了漂漂亮亮的衣服,走出工厂,进城上街了,或看看电影,或逛逛公园,享受着生活的美丽与乐趣。

雷锋平时生活很朴素,没有什么衣服可以换的。他的衣服除了工装还是工装。

有的伙伴对他说:"小雷,你一个快乐的单身汉,又不是没有工资,买件时兴的衣服穿穿吧!别把自己弄得像个老工人似的,一点青年人的样子都没有。再说了,这里可不是团山湖,是鞍山,是城市,假日出去玩,应当有一两件像样的衣服。"

起初,雷锋没有在意这些话。可是过了一阵,雷锋看看自己原有的旧衣服,再看看这美好的城市,也觉得有些"不相称"了。

犹豫了许久,他才下定决心,拿出一点积攒的钱,到百货公司买了一件黑色皮夹克和一条当时很时兴的"料子裤"。

回到宿舍,他高兴地对着镜子打扮起来。

可别说，雷锋那年轻英俊的脸庞，健康的身体，配上黑色的皮夹克和新裤子，看上去真是非常精神，是个帅小伙儿！

他还特意兴冲冲地跑到当地的照相馆，拍了一张穿着皮夹克的照片，留作纪念。从那张照片看上去，雷锋真是一个充满了青春朝气的小青年。

"瞧呵！咱们的小雷子也漂亮起来了！"

同宿舍的小伙子，见雷锋穿上了时兴的衣服，一下子变了样了，禁不住赞叹道。

雷锋脸上虽然有点不好意思，可心里觉得挺满意。毕竟都是年轻人嘛！爱美之心，人皆有之。

不久，党中央向全国人民提出了增产节约、勤俭建国的号召。

工厂的领导也对工人们做了动员，要求大家发扬艰苦朴素、勤俭节约的好传统。

这天晚上，开完了团小组会，雷锋回到宿舍里，躺在床上翻来覆去地睡不着。

他用手指敲打着自己的脑袋："雷锋啊雷锋，你这是怎么啦！你怎么也讲究打扮，讲究起穿戴来了？你怎么差一点把党的艰苦朴素的优良传统给忘了！"

这一夜，他还想了很多很多。

旧社会里苦难的生活情景，也一幕幕地在他眼前晃过。

他的心里感到十分羞愧和难过。

后来，他在日记中这样反省道："……螺丝钉要经常保养和清洗，才不会生锈。人的思想也是这样，要经常检查，才不会出毛病。"

为了使自己永远保持思想上的进步,他开始认真地学习起毛主席的著作来。

毛主席的有些文章他暂时还看不大懂,他就一遍、两遍、三遍地看,再不懂的就请教别人。

他用毛主席的话对照自己的言行,找出其中的差距和不足。

他在日记上写道:"我学习了毛主席著作以后,懂得了不少道理,脑子里一片豁亮,越干越有劲,总觉得这股劲儿永远也使不败。"

他在另一天的日记里又写道:"我懂得,一个人只要听党和毛主席的话,积极工作,就能为党做很多事情。但,一个人的力量毕竟是有限的,走不远,飞不高。好比一条条小渠,如果不汇入江河,永远也不能汹涌澎湃,一泻千里。"

不久,因为钢铁生产不断增长的需要,鞍山钢铁公司决定在矿山建设一座焦化厂,需要调一些人到那里去参加基本建设。

"让我去吧!我请求到最艰苦的地方去锻炼自己!"

雷锋头一个报名要求到那里去。

事后,有的思想比较落后的工人用嘲笑的口吻说:"这个小雷子呀,真是的,到那里去简直就是傻子嘛!吃没好吃的,住没好住处,不给你增加工资,也没有奖励,只有傻子才干这种事。"

雷锋听到这些话,当然非常生气。他找到这个说"风凉话"的青年,批评他说:"你想想你都说了些什么呀!亏你还是一个新中国的青年工人!你说这些话,对得起身上这套工作服吗?大家要是都像你这样'聪明',咱们的社会主义干脆就不用建设了。党教导我们,哪里艰苦就应该到哪里去,哪里需要就到哪里去。你不是说只有'傻子'才干这样的事情吗?我情愿做这种

'傻子'！"

  1959年8月下旬，雷锋和许多青年伙伴一起来到了新建的焦化矿山工地。

十五　忘我的人

新建的焦化矿山工地在一个偏僻的山脚下,四周一片荒凉。

创业初期,一切都得白手起家。宿舍还没有盖起来,工人们都住在临时的民宅土房里。

入冬之后,冷风呼呼地刮来,旧房子门窗都不严实,有时大家冻得睡觉都不敢伸直腿。

如果遇上下雨天,雨水漏下来,淋湿了被子和褥子,那么这一晚,就不用想睡好了。

没过多久,有的青年就不安心了,有了一些怨言。

可是雷锋总是乐观地说:"嗨,有个床铺睡,就是福呀!"

当时,和雷锋并排睡的,是一位老师傅。有天晚上,老师傅问道:"冷吧,小雷?"说着,老师傅把自己的被子盖了一部分在雷锋身上。

雷锋赶忙坐起来,把被子还给老师傅,说:"老师傅,我不冷,你自己盖吧。"

"唉,哪能不冷呢!南方小鬼,比不上俺们北方人抗冻。"

老师傅又把被子给他盖上了。

这使雷锋深切地体会到了生活在社会主义大家庭里的关怀和温暖。

冬天夜长,雷锋睡不着,就和师傅拉起了家常。他说:"师傅,你不知道,小时候我家里穷,我什么苦都受过呵……"

一炕的工人都围过来,听他讲述起童年的苦难遭遇。

工人们没想到这个青年后生遭受过这么大的磨难,听着听着,都忍不住流下了眼泪。

雷锋最后说:"所以呀,想想过去,比比今天,我们不应该有什么埋怨了,我们应该觉得,现在的生活是多么幸福!"

他在日记里曾这样写道:"我们在建设焦化厂当中,住不好、吃不好和工作环境不好等,这些困难都是暂时的、局部的,可以克服的。只要我们有叫高山低头、河水让路的气概,是没有战胜不了的困难的。"

雷锋是这样想的,也是这样去做的。

在盖宿舍的劳动时,打地基用的石块,是大伙儿从附近拣运来的。

可是,盖到最后一幢房子时,附近的石块几乎被拣完了,要到二三里路以外的山上去采运。

因为山路狭窄,用车子去运很不方便,得靠人去背、去挑。

不过,因为需要的数量不大,上山去背,有点儿"远水解不了近渴",于是,厂子领导就号召大家再想想办法,最好在附近就地解决。

工地不远处有条河,河水不太深,里面倒是有一些石头。大伙儿就纷纷跑去,用二齿钩子往上钩石头。

当时,已经进入初冬时节,河上结着冰碴,大一点的石块都在河中间,钩起来很费力。

　　雷锋觉着这么干太费时间和力气,就三下两下地挽起裤腿,带头踏进没膝深的河水里。

　　大伙儿见他下了水,也都毫不犹豫地跟着跳下去。

　　石料问题很快就解决了。他青春的生命在冰冷的河水里得到了锻炼。

　　他在日记里写道:"青春呵,永远是美好的,可是真正的青春,只属于那些永远力争上游的人,永远忘我劳动的人,永远谦虚的人。"

　　白天,劳动了一天,到了晚上,同伴们都在土屋里下棋、打扑克。有时,雷锋也陪大家玩玩,但是总有点儿心不在焉。

　　他心里在惦记着学习的事情。

　　"刀不磨要生锈,人不学习要落后。"这是他的"口头禅"。

　　他把收工之后的时间更多的是用来学习。他给自己定下了一条规定,每天必须挤出一定的时间来读毛主席的著作。

　　有时晚间开会,把时间挤掉了,他宁肯少睡一会儿,也要坚持完成自己的"规定"。

　　有时,老师傅们见他太刻苦,就心疼地劝他说:"小雷啊,可不能年轻轻的把眼睛和身子骨搞坏了啊。"

　　有的师傅也跟着说:"是呀是呀,年轻人,就应该有点儿出息,多学点文化!不过,书是要读的,身体可不能搞垮啊,身体就是干革命的本钱嘛!"

　　雷锋说:"感谢师傅们的关心,我会注意的。可是,刀不磨就要生锈的……"说着,就又埋头看书去了。

　　一天晚上,雷锋正在专心看书,忽然外面下起大雨来了。

他刚走出宿舍,看到外面已经漆黑一团,暴雨如注。

这时,陈调度员气喘吁吁地赶来,着急地说:"同志们,停在工地的那列火车上,还有七千多袋水泥放在露天,要是被雨水一淋,都得变质,得赶快去抢救!"

雷锋一听,二话没说,赶紧叫来了二十几个青年工人,顶风冒雨,赶到现场,给列车上的水泥抢盖席子和雨布。

可是,席子和雨布不够用,还剩下一些水泥没有东西搭盖呢。

这时候,雷锋毫不犹豫地脱下身上的衣服盖在上面,然后又跑回宿舍,卷起自己床上的棉被,拿来盖住了最后的几袋水泥。

……

雷锋的生命,在暴风雨中成长,在祖国工业建设的大军中阔步向前。雷锋的青春,在祖国建设的火红的年代里,闪闪发光。

因为他忘我的劳动、无私的奉献,爱护国家财产如同自己的生命,在这期间,他多次被评为"先进生产者""红旗手"和"标兵",并荣获过"社会主义建设积极分子"的称号。

雷锋后来在总结这一段工作经历时,在日记上这样写道:

……这完全是党的培养,是毛主席思想给了我无穷的力量,是广大群众支持的结果。我要永远地记住:

一滴水只有放进大海里才能永远不干,一个人只有当他把自己和集体事业融合一起的时候才能有力量。

力量从团结来,智慧从劳动来,行动从思想来,荣誉从集体来。

我要永远戒骄戒躁,不断前进。

也是在焦化厂工作期间,有年冬天,一个早晨,青年工人小叶赶早车要到市里去。

他刚一出门就打了个寒战。天气实在太冷了。

小叶袖着手,佝偻着身子,正向傍山公路走去。忽然,小叶看见前边有个人影,个子不高,棉帽子上的两个帽耳子耷拉着,被北风吹得晃来晃去的。那人一手提着粪筐,一手拿着粪铲,一会儿弯下腰去,一会儿站起身来……

小叶想,东北人真是抗冻啊,这么寒冷的天,还起大早拣粪。

可是,当他靠近那人时,不禁大吃一惊,连忙叫道:"雷锋!怎么是你啊?"

"早啊小叶,你要进城去吗?天可冷呢。"雷锋回答说。

小叶有点儿奇怪地问道:"起早拣粪,难道你要种地?"

"是啊,是为了种地。"雷锋笑着说,"趁早出来拣点粪,支援农业生产嘛。团支部不是号召咱们,多给集体做些好事吗?再说,早早起来,也顺便锻炼一下自己的耐寒能力,领略一下北国风光呢!"

雷锋的话使小叶十分感动。他打消了进城去办私事的念头,帮着雷锋提着粪筐,一起拣起粪来。

小叶见雷锋穿的衣服好单薄,就问:"小雷,你的棉衣呢?你不冷吗?"

"哦,刚才我看见吕大爷穿得太少,就披在他老人家身上了。"

吕大爷是当地的一个老羊倌。雷锋在去年春节期间,给当地社员们演节目时,认识了这位老人。

他了解到,吕大爷在旧社会也受过很多苦,解放后翻了身,就不顾年老体迈,天天参加农业劳动,说是要为建设社会主义新农村做贡献。

雷锋打心眼里敬佩这位老人。所以,今天一早起来拣粪时,正巧遇到了出门的大爷,见老人穿的衣服单薄,就脱下自己的棉袄给老人披上了。

吕大爷说啥也不肯要,雷锋可不答应。争了半天,才硬让老人穿上了。

见小叶有点吃惊的样子,雷锋说:"这算什么呢!有什么大惊小怪的。我呀,也有个收获,我这时候才体会到,当你为别人做了点好事时,自己虽然冷点,但心里却是热乎乎的呢。"

十六　光荣的战士

一辆"解放牌"汽车，满载着已经进入参加体检行列的应征入伍的青年，从苏家小市场出发了。

可是，汽车后面，有一个个子不高、脸庞圆圆的青年，正紧跟着车尾着急地奔跑着，生怕被车子甩远。

这个青年人就是雷锋。这是 1959 年 12 月的某一天。

事情得从上个月说起。原来，新的一年的征兵工作开始了。

1959 年 11 月，辽阳县兵役局的人来到雷锋所在的焦化厂征兵。12 月 3 日，矿山党总支书记向青年们做了征兵动员报告。

从那一刻起，雷锋的心情就再也没有平静过。

他没有忘记，刚解放的时候，在家乡，他就曾经要求过，想参加人民解放军。

可是那时候，部队嫌他年纪小，没有接受他的请求。

现在，他已经二十岁了，年龄早就够了。

"当一名光荣的解放军战士，手握钢枪，保卫祖国的美丽江山，保卫我们的红色政权，这不仅是一种无限的光荣，也是每一个新中国的青年应尽的义务。"

雷锋这样反复地想着,整夜整夜地难以入睡。

当然,他也想到了,自己所在的这座新建的工厂,眼看就要投入生产,一旦离开,还真有点舍不得呢……

最后,他终于下定决心了:以前我是个孤苦伶仃的穷孩子,现在,已经是国家的主人,应该积极报名当兵去!

这时候正是北方的隆冬时节,外边下着大雪。

规定早上八点开始报名,雷锋在凌晨三点钟就起床穿衣,早早地跑到办公室。

他想争取报头一名。他以为,报名越早,越容易被批准。晚了,恐怕就没有机会了呢。

团总支书记开了门,一见是雷锋,就苦笑着说:

"三更半夜不睡觉,你这是在折腾什么呀?"

"我……李书记,我来报名参军呀!"

"那也不能这么着急呀!"

团总支书记把他叫进屋子,故意问道:"说说看,你为什么要当兵?"

"道理很简单呢,我是穷苦孩子出身,吃过旧社会的无数苦头;是毛主席、共产党救了我,让我过上了幸福的生活。李书记,你不是常常教导我们说,这幸福生活来得不容易吗?受过苦的人,谁不想亲自去保卫它!亲自为祖国、为毛主席和党中央站岗放哨?"

团总支书记点点头说:"说得很好嘛!这种朴素的感情是对的,是真挚的!……"

雷锋一听,高兴地说:"这么说,李书记,你同意了?"

"不过,雷锋同志,我必须明白地告诉你,组织上支持你报名参军的志愿,可是……"李书记说,"你个子不高,体质也并不壮实,你知道,当兵入伍,是要经过严格的体检的,检查合不合格,我可不敢保证哦。"

雷锋说:"只要厂里同意,我才不怕检查呢,小个子当兵,打仗才灵活哪!"

回到宿舍后,雷锋激动不已,一口气写出了一封足足有一千一百字的入伍申请书,马不停蹄地交给了厂领导,并且在"入伍申请簿"上写下了"我坚决要求参军"的誓言。

然而,经过体格检查站检查后,焦化厂接到"入伍通知书"的只有四个人,其中并没有雷锋。

这天,领导干部和工人们专门开了欢送会,欢送大家去辽阳市集中复查。

于是,就发生了前面提到的,雷锋跟在车子后面追赶而去的那一幕。

团总支书记深深懂得雷锋要求参军的迫切心情。考虑再三,他最后只好答应雷锋,再和辽阳市人民武装部联系一下。

雷锋步行到了辽阳市人民武装部之后,武装部的余副政委接见了他。

雷锋十分恳切地向部队首长诉说了自己的经历和想要参军的理由。

余副政委看着这个朝气蓬勃的小伙子,先就有了几分喜欢,可是打量着他那比较矮小的身体,估计不太合乎入伍标准,就安慰他说:

"小伙子,不要着急,你还是先到体检站去检查检查体格再说吧。"

从余副政委的话里,雷锋感到了一线希望。他激动得一时间不知道该说什么才好,就深深地鞠了一躬。

他的眼睛里闪烁着幸福的泪花,一溜烟似的奔向辽阳县小屯体格检查站去了。

在体检处量身高时,雷锋悄悄地踮起了脚尖。

不料,这个举动被体检员发现了,体检员笑着说:"同志,弄虚作假可不行哦!"

雷锋只好不情愿地站直。

标尺固定,再看指数,只听体检员高声报出:"身高一米五四。"

这个数字显然不那么"理想"。

雷锋赶紧强调说:"同志,别看我个头小,我当过拖拉机手、推土机手,浑身都是劲儿!"

体检员笑了笑,没有吱声,继续检查下一个项目。

开始称体重了。雷锋憋足了劲,将身子用力往下压,结果也只"压"到了四十七公斤。

"怎么样,医生,我的体重还可以吧?"雷锋故作自信地问道。

"够呛,连五十公斤都没到呢!"

"那是因为我没吃早饭就跑来了,要是吃饱饭,肯定可以远远地超过五十公斤!"

体检员忍不住笑出了声:"真有你的!吃一顿饭能增加三公斤体重!那不成了饭桶了吗?"

最后,体检员安慰他说:"你的身高,算是勉强达到了国家规定的最低标准,可是体重呢,实在不够条件哦。这个,我们都'爱莫能助'啊!"

雷锋有点慌了,好一阵子都说不出话来。这可怎么办呢?难道自己美好的愿望就要"卡"在几公斤体重上了吗?

突然,他看见体检员正拿着钢笔,准备往体格检查表上填写检查结果,就连忙上前,几乎是央求般地说:"医生,您就给我写五十公斤吧。您放心,过几天我肯定能补上。当了兵,我一定会好好锻炼身体。"

可是,医生只能善意地笑笑,让他进行下一个项目:外科检查。

雷锋按照医生的要求,脱下了内衣。

医生一眼就发现了雷锋的脊背上有一片疤痕。医生问道:"你什么时候生过疮吗?脊背上怎么留下了这么大的疤痕?"

提起疮疤,雷锋的心头立刻涌上一阵酸楚,眼泪随即夺眶而出。

他告诉医生说:"医生,你不知道,这疤不是生疮生的,是旧社会地主恶霸在我身上刻下的仇恨啊。正是为了让人们永远不再受这样的苦,我才坚决要求参军入伍的!医生,你会明白我的心情吧?"

"同志,我十分能理解你的心情,我也很支持你能光荣参军。"医生想了想,就指点雷锋说,"我建议你去找人民武装部首长同志谈谈,也许,他们会根据你的具体情况,同意你的请求的。"

"谢谢医生,您太好了!"雷锋给医生又深深地鞠了一躬。

于是,雷锋再次赶到人民武装部,向一位征兵助理员讲述了自己的情况,最后恳求说:"批准我当兵吧!我一定会做一个好战士的。"

征兵助理员说:"雷锋同志,你的经历,我们已经了解了一些。不过,兵役工作是要按条件办事,你条件不够也不能勉强。建设祖国、保卫祖国,岗位不同,但都一样光荣和重要。我想,这个道理你是懂得的。"

"这么说,我参不了军了?"雷锋着急地问道。

"不,现在还没有结果。你回去等通知吧。"

雷锋一听要自己回去"等通知",就以为是批准了,高兴得差一点儿跳起来,说:"我先回厂生产。等你们的好消息。你们可要快点通知我呀!"

征兵助理员对他笑了笑,目送他离开了武装部。

可是,雷锋回到工厂后,等了两天,也没有丝毫消息。

那几天可真是度日如年啊!他在心里一遍遍地巴望着:快来吧,快来吧,快来入伍通知吧。

实在等得受不了了,他就想,反正这兵我是当定了,不妨再去"蘑菇蘑菇"。

于是,他就向领导请了假,把自己一时穿不着的四件衣服都送给了吕大爷;把三本《毛泽东选集》和几本日记、一些生活日用必需品放在小网兜里提着,就又到人民武装部去了。

一进门,他就对征兵助理员说:"报告,我来报到了。"

征兵助理员一看雷锋连行李都提来了,真是有点哭笑不得。

他只好耐心地对雷锋解释说:"雷锋同志,你的问题我们研究过了,还有困难⋯⋯"

"为什么?"雷锋有点沉不住气了,"我是真心实意要参加解放军的！我……"

"同志,你的迫切的心情我们完全能够理解,可是你的体格不够标准啊,我们怎么能将体格不够标准的青年交给接兵的同志呀?"

"那……接兵的首长是谁?"雷锋胆子也突然变大了。

"是荆营长。你想直接找他吗?"

"对,我直接找他去。"雷锋坚定地说道。

"希望你能成功!"征兵助理员被雷锋的韧劲儿感动了,说,"我真是服了你了!"

见到荆营长后,雷锋就把自己全家在旧社会的遭遇以及自己迫切想参军的理由,一一地诉说了一番。

雷锋的苦难遭遇,使荆营长也深深地为之震动。

而实际上,在这之前,人民武装部的余副政委已经把雷锋的情况告诉了荆营长,希望他考虑雷锋的要求。

荆营长在听完了雷锋的诉说后,又和余副政委商量了一次,最后决定,破格吸收雷锋参军入伍。

一个月后,一列火车慢慢驶进了辽宁营口车站。

站台上锣鼓喧天,鞭炮齐鸣。部队首长和老战士们用最热烈的掌声和口号声,迎接了一批光荣入伍的新战友。

雷锋,就是这批新战士中的一个。他美好的梦想终于实现了!

在"欢迎新战友入伍大会"开过的当天夜里,雷锋在日记里这么写道:

> 这天是我永远不能忘记的日子,这天是我最大的荣幸和光荣的日子。我走上了新的战斗岗位,穿上了黄军服,光

荣地参加了中国人民解放军。我好几年来的愿望在今天已实现了,真感到万分的高兴和喜悦,这是我一生最大的幸福。……

在党的正确领导下,在革命的大家庭里,我一定要好好地锻炼自己,在入伍的这一天,我并提出如下保证:

一、听党的话,服从命令听指挥,党指向哪里,我就冲向哪里。

二、加强政治学习,多看报纸和政治书籍,按时参加部队各种会议和学习,积极宣传党的政策,密切靠近组织,及时向组织反映各种情况,不断提高自己的政治思想觉悟。

三、尊敬领导,团结同志,互帮互爱互学习。

四、严格遵守部队一切纪律,做到虚心向老战士学习,刻苦钻研,加强军事学习,随时准备打击敌人。

五、克服一切困难,发扬长辈优良的革命传统,我要坚决做到头可断,血可流,在敌人面前决不屈服、投降,我一定要向董存瑞、黄继光、安业民等英雄的战士学习。

六、我要努力学习政治、军事、文化,我要好好地锻炼身体,我一定要在部队争取立功当英雄,我一定要做一个毛泽东时代的好战士,我要把我可爱的青春献给祖国最壮丽的事业。

以上六条是我努力的方向和我的奋斗目标。今天我太高兴我太激动,千言万语一下要写完是办不到的,因此写到这里告一段落。

我渴望已久的参加中国人民解放军的理想实现了,怎么叫我不高兴呢!我恨不得把我的心掏出来献给党才好。

晚上我怎么也睡不着,我的心就像大海的浪涛一样,好久不能平静。

我,一个在旧社会受苦受罪的穷苦孤儿,居然成为一个国防军战士,得到党和首长的信任,受到战友们的热爱,我真不知说什么好!……

在这个革命的大家庭里,首长胜过父母,战友亲过兄弟,这一切,只有在党领导下的人民军队里才能得到。……

我一定不辜负党对我的教育和期望……军政学习争优秀,全心全意保卫国防,成为一个优秀的国防战士。

十七　普通一兵

　　小青年实现了美丽的理想,
　　第一次穿上庄严的军装,
　　急着对照镜子,
　　心窝里飞出了金凤凰。

　　党分配他驾驶汽车,
　　每日就聚精会神坚守在车旁,
　　将机器擦得像闪光的明镜,
　　爱护它像爱护自己的眼睛一样。

这是雷锋在1960年1月写的一首诗歌《穿上军装的时候》。一个年轻的新战士的快乐、光荣与自豪感,跃然纸上。

雷锋入伍后,被分配到运输连当汽车兵。

像许多新入伍的战士一样,在学习汽车驾驶技术之前,雷锋先在运输连新兵排接受军事训练。

雷锋所在的那个班,班长名叫薛三元,是个不善言谈、喜欢埋头苦干的老兵。

他很喜欢雷锋的机灵劲儿。不过,因为雷锋个子小,老班长心里不免有些担心。因为,新兵训练可是要吃大苦的,班长生怕雷锋吃不了这个苦,训练成绩不好,拉了全班的后腿。

开班务会的时候,班长就提醒雷锋说:"雷锋同志,干革命学本领,是最讲互相帮助的,如果你有什么困难,一定要说出来,大家好帮助你,千万别自己闷着,到时候就晚了。"

雷锋明白老班长的好意,就站起来爽朗地回答道:"放心吧,班长,什么困难我也不怕!战友们能扛得起的,咱也不会含糊!"

"嘀,听你这口气,似乎是我小瞧你了。好,有你这句话,我就放心了!"

新兵训练,先从练手榴弹掷远开始。

及格的标准,对那些膀大腰圆的新战士来说,实在是"小菜一碟",并没有多大难处。

可是,手榴弹一抓在雷锋手里,就变得格外沉重了。

雷锋使出了全身力气,几次也达不到标准,过不了关。班长再三帮他纠正动作、传授要领。

雷锋求胜心切,不停歇地练了一上午,胳膊甩得生疼,还是没用。

收操后,战友们在一起交流经验,寻找差距。

有的说:"依我看,不是雷锋力气不够,而是他没有掌握好要领。"

又有人说:"不是要领问题,还是臂力不够。"

雷锋听了战友们的议论,急得直埋怨自己,为什么这样差劲儿呢?

他内心里充满自责。他在心里对自己说:雷锋啊雷锋!你还说什么当兵保卫祖国呢,你连个手榴弹都投不准、掷不远,你真是给全班丢脸啊!

他越想越觉得不是滋味,连饭都没有心思好好吃了。

到了晚上,战友们都休息了,雷锋悄悄起身,抓起教练弹,来到操场上,趁着明亮的月光,开始反复地练习起来。

这样,一连投了几天,因为练得过猛,他把胳膊累得又肿又红。

但雷锋没有叫苦。他在自己的日记本里,抄写下了当天从报纸上读到的一段话,激励自己:

斗争最艰苦的时候,也就是胜利即将来到的时候,可也是最容易动摇的时候。因此,对每个人来说,这是个考验的关口。

经得起考验,顺利地通过这一关,那就成了光荣的革命战士;经不起考验,通不过这一关,那就要成为可耻的逃兵。

是光荣的战士,还是可耻的逃兵,那就要看你在困难面前有没有坚定不移的信念了。

在新兵训练期间,正是由于有了这种不畏困难、敢于进取的勇气和毅力,所以,雷锋最终的各项训练成绩都圆满地达到了标准,赢得了战友们的敬佩和领导的赞扬。

他还有一首诗歌《练兵》,就是写于新兵训练期间的:

天上星斗亮晶晶,
营部响起军号声。
各连集合站好队,

精神抖擞去练兵。
月儿当头亮光光,
战士握枪上靶场。
哪怕冰霜寒刺骨,
坚决要打靶中央。

从这首诗歌中,我们看到了雷锋作为一个新战士的壮志豪情。

他在这个时期,即他入伍后的第十天的日记里,还写下过这样的格言,鼓励着自己:

雷锋同志:
愿你做暴风雨中的松柏,
不愿你做温室中的弱苗。

(自题)

十八　百炼成钢

"革命需要我烧木炭,我就去做张思德;革命需要我去堵枪眼,我就去做黄继光。"

这是雷锋入伍之后写在日记上的一句话。

在人生的征途上,他是这样说的,也是这样做的。

新兵的军事训练结束后,分到运输连的战士就要学习汽车驾驶技术了。

雷锋想,自己做过农场上的拖拉机手、矿山上的推土机手,现在又要驾驶着军车,奔驰在祖国的原野上和公路上,运送各种军用物资……

这是一项多么令人自豪的工作啊!

这一天,连里举行晚会。多才多艺的雷锋,发挥了自己喜欢写诗的才能,在晚会上朗诵了自己写的一首诗《台湾》:

我不是个音乐家,我不会歌唱,
我也不是个作家,我更不会朗诵。
可是我的心正在燃烧,正在激荡!
它已长上了翅膀,到处地飞翔。

越过那起伏的高山峻岭,
飞过那碧波万里的海洋,
飞向那遥远的地方。

台湾,
自古以来就是我国的领土,
是我们可爱的家乡。
那里有无限的珍宝,
埋藏在那宽大的胸膛。
一片黑黝黝的森林呀,
可以盖上那千万座高大的楼房;
遍地耸立着粗壮的甘蔗,
制造出许多雪白的方糖;
那鲜嫩的乌龙茶叶,
驰名于国际市场;
那盛产菠萝和香蕉的园林啊,
吐露着扑鼻的清香,
那一年两熟的蓬莱米啊,
做起饭来焦黄喷香;
煤呀、铁呀更是不可计量……
台湾人民世世代代、子子孙孙,
热爱生活,热爱自己的家乡。
…………

雷锋朗诵得充满激情,赢得了首长和战友们热烈的掌声。这时,战士业余演出队正好在物色演员。他们觉得雷锋能写能诵,挺有艺术才华的,就请示首长,希望把雷锋调去当一个时期的"临时演员"。

首长同意了他们的要求。

于是,本来正在憧憬着驾驶着军车、驰骋在祖国大地上的雷锋,服从组织上的决定,暂时放弃汽车专业学习,进入了战士业余演出队。

排练节目、分配角色的时候,雷锋自告奋勇,一下子给自己报出了六个节目,有朗诵、快板、二人转,等等。

可是,演员们对台词时,雷锋那带着浓重的湖南方言味道的口音,一般观众恐怕很难听懂。

"为了更好地为战友们和当地的老百姓服务,只有苦练了!"

雷锋悄悄地、夜以继日地苦练起普通话来。

然而,浓重的湖南口音,终究并非短时间内可以纠正过来的。第二次对台词时,雷锋一口生硬的湖南官话,仍然引得大家吃吃直笑。

没有办法,演出的日子已经迫近,只好另换演员了。

领导们怕影响雷锋的热情,话说得十分婉转:"雷锋同志,你的热情很高,但是口音实在难懂,为了工作,我们考虑……"

雷锋一听就明白了,马上说道:"请首长放心,我不会有任何思想包袱,为了工作,请把我的角色分派给别人吧!"

最后,雷锋又诚恳地问道:"不参加演出了,现在我该做些什么呢?要不,我回连队吧!"

这时,领导上考虑到,排演工作还没有结束,此时让雷锋回去,太不近人情了。所以,他们没有答应雷锋想回连队的请求,而是告诉他说：

"现在,大家都集中精力在排练,你主动找些工作做吧!"

在接下来的日子里,雷锋的确也没有让自己闲着。

他发现,战友们每天排练节目时,没有专人给烧开水,而且每次排练完后,还得自己打扫排练场。

于是他就主动"承包"了这些杂事。

他在房檐下垒了个小灶,借了把水壶,在房前屋后拣了些碎木头,给大家烧起开水来。

每烧开一壶,便提到排练场,给大家斟在碗里,说:"请大家休息一会儿,喝口水吧,保养保养嗓子。"

到了傍晚,战友们排练结束,他就说:"请大家早点回去休息吧,场子你们不用管,我来打扫。"

在那些日子里,他竟变成比任何人都忙碌也更劳累的一个人了。

他在守着水壶烧开水的时候,也并没有闲着,而是利用这个时间,阅读政治理论和毛主席的著作。

就在这一段时间里,他竟然忙里偷闲,一篇一篇地通读完了《毛泽东选集》第三卷。

不久,战士业余演出队要到外地去演出了,雷锋高高兴兴地回到了运输连。

临走时,演出队的战友们对他的评价是:"热情主动,好学上进,关心同志,关心集体。"

雷锋却谦虚地说道:"都是干革命工作,党叫干啥我就干啥。"

回到运输连时,因为汽车专业的学习已经进行了一段时间,为了迎头赶上课程的进度,雷锋又投入了紧张的学习中。

为此,他不舍昼夜,悄悄付出了超过别的战友数倍的时间和努力,终于赶上了学习进度。

学完了理论,接着就学原地驾驶。

学驾驶时,雷锋见六班的战友都搞了汽车驾驶室模型,便吸收了六班的经验,利用休息时间,找来了一些废木板和零件,也做了一个。

从此,雷锋正规的时间里在汽车上练习,休息时间就在模型上练习,躺在床上还不停地练习着驾驶动作呢。

他当时还写过一首诗《困难不可怕》:

> 应该怎样对待困难——
> 是战斗!
> 困难只能欺侮那些不能吃苦的人,
> 困难害怕吃苦耐劳的战士。
> 困难只能欺侮那些胆小鬼,
> 困难害怕顽强进攻的战士。
> 困难只能欺侮那些懒汉,
> 困难害怕认真学习的人。
> 困难只能欺侮那些脱离群众的人,
> 困难害怕团结一致的伟大集体。

这是雷锋对待困难的无畏的姿态,也是他不断地克服困难、取得胜利的经验体会。

有一次,雷锋在出车时,发现汽车后轮有点晃动。他赶紧下去检查,一时却找不到原因。

回来后他问教导员,教导员一听情况,便说:"是转动轴松了。"

雷锋再次检查,果然是这样。

雷锋惊奇地问:"教导员,你怎么判断得这么准?"

教导员说:"熟能生巧。爱得越深,了解得越透。好比医生检查病人,用听诊器一听就知道病在哪里。我们当汽车兵的,也必须像医生那样,爱自己的职业,爱自己的汽车。只有这样,当汽车发生任何故障时,用耳朵一听,就能知道毛病出在哪里。"

这件小事给了雷锋很大的启发。

雷锋驾驶的13号车,原是全班里耗油最多的一辆车,大伙儿管那辆车叫"耗油大王"。如果把它送到车厂里去大修一番,恐怕要耽误运输任务。

雷锋想,不如让我自己试试,找出原因,亲手制伏这个"耗油大王"。

他费了不少休息时间,一个细节一个细节仔细地排查,最后,终于发现,原来是油化器的油针太粗所致。

于是,他又想方设法,自己加以调整,终使车子的耗油量减低到正常状态了。

这个时期,雷锋在日记里还写过一首短诗《百炼成钢》:"不经风雨,长不成大树;不受百炼,难以成钢。"

在人民军队这个大熔炉里,雷锋正在经历着十次、百次的锤炼……

十九　钉子精神

雷锋所在的运输连驻地附近,有一所建设街小学。

有一天,在看露天电影的时候,建设街小学的一个姓贾的小同学发现,在电影开演之前,有位解放军叔叔一直坐在那里,聚精会神地看着一本什么书,仿佛看得入了迷。

小同学很好奇,探头一看,原来是经常去给他们讲战斗故事的雷锋叔叔。

"雷锋叔叔,你在看什么书呀?好厚的一大本哦!"小同学惊喜地喊道。

"哦,是你啊!我在看《毛泽东选集》。毛主席的书真是字字句句都说在我们心坎上呢。"

"雷锋叔叔,放电影前这么一点点时间,你还看啊?"

"小弟弟,时间短吗?你看,叔叔已经看完了十来页了。"雷锋笑着对这个小同学说,"看一点是一点,积少成多嘛!告诉叔叔,你平时时间抓得紧吗?"

"嘿嘿,不紧。光想着玩去了。"小同学倒是蛮坦诚的。

"不抓紧可不好呀!"雷锋说,"你们在学校里学习,风吹不着,雨淋不着,还有老师给你们上课,多幸福啊!可要珍惜这么好的条件,好好学习,做毛主席的好学生哦!不然,时间都白白浪费了,多可惜啊!"

小同学听了雷锋叔叔的一席话,不好意思地点着头说:"我一定听叔叔的话,再也不浪费时间了。"

"好,这样就好!以后和叔叔来个比赛,看谁的课外书看得多好不好?"

小同学使劲地点着头。他看到,直到电影开始放映的最后一刻,雷锋叔叔才把书放进随身背着的黄色军书包里。

> 一块好好的木板,上面一个眼也没有,但钉子为什么能钉进去呢?这就是靠压力硬挤进去的,硬钻进去的。
>
> 由此看来,钉子有两个长处:一个是挤劲,一个是钻劲。我们在学习上,也要提倡这种"钉子"精神,善于挤和善于钻。

这是雷锋摘录在自己的日记里、用来勉励自己学习的一段话。

在汽车连,战友们送了一个雅号给雷锋,都称他是"读书迷"。

这是因为雷锋酷爱读书,只要一有点空闲,他就会打开随身带着的书本,专心致志地阅读起来。

他那个随身背着的黄色军书包,战友们也都戏称为小小的"流动图书馆"。

正是凭着像钉子那样的一股子"挤"和"钻"的精神,雷锋入伍没多久,就先后读完了《毛泽东选集》一至四卷,以及其他大量的通俗哲学著作和文艺小说、英雄人物传记等。

其中毛主席的许多著名文章,如《纪念白求恩》《为人民服务》《将革命进行到底》以及《实践论》《矛盾论》等,他不知道读了多少遍。每读一篇,他都会在日记上写下自己的认识和心得体会。

在雷锋读过的那些文章上,留下了他用红铅笔、蓝铅笔和钢笔画出的许多欣悦的波浪线,和许多的圈圈点点。

例如在阅读《整顿党的作风》一文时,他在"每一个党员,每一种局部工作,每一项言论或行动,都必须以全党利益为出发点,绝对不许可违反这个原则"这些句子和段落下面,用红铅笔逐字逐句地画上了着重线,还在旁边注上"牢记"的字样。

在这篇文章里,毛主席写道:"……有一种人的手特别长,很会替自己个人打算,至于别人的利益和全党的利益,那是不大关心的。'我的就是我的,你的还是我的'。……这种人闹什么东西呢?闹名誉,闹地位,闹出风头。"

雷锋用红铅笔画出了这段话,又在上面写下了三个字:"没出息"。他在一篇日记里写道:

> 我学习了《毛泽东选集》一、二、三、四卷以后,感受最深的是,懂得了怎样做人,为谁活着……
> 我觉得要使自己活着,就是为了使别人过得更美好。

他从毛主席的著作里,汲取了使自己的人生走向高尚、走向宽广的力量。

在《论联合政府》一文最后一节空白处,雷锋写出了自己的体会:"无数革命先烈,为了人民的利益牺牲了他们的生命,给我们换来了幸福。今天,我们没有理由不好好工作和学习,没有理由不改正缺点和错误,没有理由只顾自己不顾集体,没有理由只顾个人眼前利益,而忘记了整个无产阶级的最大利益。"

读过了《为人民服务》那篇文章后,他又在文末写道:"我觉得一个革命者活着,就应该把毕生经历和整个生命为人类解放事业——共产主义全部献出。我活着只有一个目的,就是做一个对人民有用的人。生为人民生,死为人民死。"

有一天晚上,他又读了《毛泽东选集》第二卷里《纪念白求恩》那篇文章。文章里写道:"我们大家要学习他毫无自私自利之心的精神。从这点出发,就可以变为大有利于人民的人。一个人能力有大小,但只要有这点精神,就是一个高尚的人,一个纯粹的人,一个有道德的人,一个脱离了低级趣味的人,一个有益于人民的人。"

这些闪光的文字深深地印在雷锋的脑海和心头。

他暗暗地勉励自己说:在生活中,在人生道路上,我也要尽自己最大的力量去做到"毫不利己,专门利人"。

有一次,部队安排上山打草。

早饭以后出发,晚饭以前回来,每人带一盒午饭在山上吃。

早晨,战友老王吃完早饭,心想:一盒午饭,干脆用肚子"带走"算了,免得拿着。

这么想着,他就把一盒午饭吃进了肚子里。

等上了山,打了一上午草后,中午吃饭时,战友们三三两两坐在山坡上,打开各自的饭盒,有说有笑地吃了起来。

雷锋打开饭盒正要吃饭,突然看见老王蹲在一旁两手空空,就问道:"你老兄怎么啦,忘带午饭了?还是在半路上把午饭撒掉啦?"

老王只好如实回答说:"午饭早被我消灭了。"

雷锋见状,就把自己的饭盒端到老王跟前说:"给,吃我这盒!你这么大个子,不吃午饭怎么行!"

老王摇着头不肯接受:"我哪能吃你的呢!我吃了,你怎么办?"

雷锋就势撒了个谎说:"你不知道,我这几天胃不舒服,一点东西也吃不下,你正好帮我吃了吧!"说罢,他就假装着,捂着肚子转身走开了。

老王端着饭盒怔在那里,望着雷锋的背影,心想:平时我还嘲笑人家小雷个子小,干不成大事呢!瞧我自己……白长了个大个子,从来也没想过把饭让给别人吃……

不久之后的一天傍晚,大家正围在一起研究汽车修理的事,突然发现西北边的一栋房屋里,冒出一股浓烟。

"不好!加工厂起火了!"

雷锋眼尖,连忙站了起来,丢下书本,就向起火点跑去。

到了现场,他三言两语问明了情况,就同加工厂的同志们一起抄起家伙扑向了火海。

他用水盆泼了一阵子水,大火仍在蔓延。木板房子越烧越厉害,火势眼看着已经蔓延到了屋脊。

雷锋赶紧丢下水盆,抓起一把大扫帚,一跃就攀住了窗栏,上了屋顶。

只见他站在浓烟滚滚的屋顶上,挥起扫帚,一个劲儿地扑打着火苗。

"解放军同志,危险!快下来,房脊就要塌了!"有的同志急着高喊。

　　但雷锋已经顾不得那么多了。他想的是，多扑打几下，把火焰扑熄，国家的财产就不会受损失。

　　过了一会儿，消防队赶到了。

　　雷锋这才跳下屋顶来，和消防队员一起，终于把烈火扑灭了。

　　他的手臂、身上，有多处被火焰燎伤了。战友们指着他的脸说："瞧，头发和眉毛也给烧焦了！"

　　雷锋赶紧摸摸自己的脸，这才觉得有点火辣辣的疼。

二十　庄严的时刻

1960年3月的一天,雷锋在日记里写道:

"我要永远记住,'一滴水只有放进大海里才能永远不干;一个人只有当他把自己和集体事业融合一起的时候才能有力量。'"

入伍之后,他心里渐渐有了一个更美好的向往和更远大的追求:什么时候,自己也能成为一名光荣的中国共产党党员呢?

有一天,他在和连指导员谈心时,真诚地表达了自己的这个心愿。

"指导员,你看我应当怎么做,才能达到一个共产党员的标准?"

指导员送给他一本"党章",告诉他说:"雷锋同志,你其实一直就在向着一个共产党员的目标迈进啊!这样吧,你先学一学'党章',然后在实际行动中,按照党章规定的条件,再去努力!"

"是!我一定会勤奋学习,努力工作,争取早一天靠近伟大、光荣的党。"

1960年入夏以后,辽阳地区连日暴雨不断。

一场百年不遇的特大水灾,使抚顺郊区的上寺水库水势猛涨,整个抚顺市面临着危险。报纸上,多次登载了党中央派飞机给灾区人民空投救灾物资的消息。

雷锋想:作为驻扎在当地的一个解放军战士,我该为灾区人民做点什么呢?

他想到自己在银行里还存有一百多元钱。对,把钱取出来,寄给灾区人民,就算是杯水车薪,毕竟也是一点贡献嘛!

于是,他把自己积攒的一百元钱,寄给了中共辽阳市委,作为救灾费用。

市委不久就回了信,感谢他的盛情,告诉他说:党中央派飞机运来物资支援灾区了,灾区人民有信心战胜洪水。

同时,他们把钱也退了回来,希望他继续存在银行里,将来可支援国家建设。

没有能为灾区做点什么,雷锋心里一直觉得有点遗憾。

这年8月,运输连接到命令:立刻开赴上寺水库,抢险救灾!

当时,雷锋正好患病在身。连长考虑到实际情况,在分配任务时,就把雷锋安排在连部里执勤,以便让他休息。

雷锋一听,急忙找到连长,恳求说:"连长,你是知道我的,眼下洪水正在泛滥,正在威胁着人民的生命财产,我……我能在这里待得住吗?我请求跟队伍一块去灾区!"

"你……身体不好,需要休息和照顾。"

"不,我不需要这种照顾!我又不是纸扎的、泥捏的,"雷锋倔强地说道,"相信我,我顶得住!"

连长拗不过雷锋,只好同意他去参加抗洪战斗。

成千上万的军民,汇成了一支抗洪大军,奔赴到了灾区。

市委防汛指挥部把开掘溢洪道以防万一的任务交给了解放军。

雷锋和战友们一道,昼夜不停,奋力苦战,开挖着溢洪道。在电闪雷鸣和暴风骤雨中,他们谱写了一幅壮丽的战洪图卷。

许多个夜晚,雷锋强撑着发烧的身体,和战友们一道,一边挥动着铁锹,一边挖着淤泥,一边还高唱起"社会主义好……"鼓舞着士气。

又一个雨夜,连长过来大声说道:"雷锋,现在派你到防汛指挥部广播站去,把咱们连的好人好事广播广播……"

"连长,你还是叫别的战友去吧,我在这里干得正欢呢!"

"真啰唆!去广播站就不是战斗了吗?去,发挥出你的才艺来,鼓动鼓动同志们!"连长命令道。

"是!"雷锋只好领受了新任务,离开了大坝,穿过抗洪大军,向广播站走去。

半道上,他看见一个同志没穿雨衣,浑身淋得透湿,还在拼命干活,就立刻脱下雨衣,披在那个同志身上。

那个同志回头看时,雷锋的身影早已消失在夜幕中了。

不多一会儿,高音喇叭里就响起了雷锋的声音:

　　同志们,听我言,
　　　英雄好汉出在运输连……

嘿,还真有他的!他把运输连的好人好事即兴编成快板书,说了出来。

在暴雨中,他清脆的声音就像明亮的闪电,划破了夜空,鼓舞着战友们的斗志……

经过几天几夜的奋战之后,一场特大洪水,终于在军民携手筑起的钢铁长城面前被驯服了。

雷锋在抗洪救灾的战斗中,又经受了一次严峻的考验。

因为雷锋时时处处都能以一个共产党员的标准要求自己,在许多地方都表现了一个革命战士对党、对革命事业的赤胆忠心,1960年11月8日,党组织正式批准雷锋加入中国共产党。

这一年,雷锋正满二十岁。这是他一生中最为庄严的时刻、最为激动的日子。他满怀欣喜和感动之情,在日记里洋洋洒洒地写出了自己真实的心声:

> 1960年11月8日是我永远不能忘记的日子,今天我光荣地加入了伟大的中国共产党,实现了自己最崇高的理想。
>
> 我激动的心啊!一时一刻都没有平静。伟大的党啊!英明的毛主席!有了您,才有我的新生命。我在九死一生的火坑中挣扎和盼望光明的时候,您把我拯救出来,给我吃的,穿的,还送我上学念书。我念完了高小,戴上了红领巾,加入了光荣的共青团,参加了祖国的工业建设,又走上了保卫祖国的战斗岗位。在您的不断培养和教育下,我从一个孤苦伶仃的穷孩子,成长为一个有一定知识和觉悟的共产党员。……
>
> 今天我入了党,使我变得更加坚强,思想和眼界变得更加开阔和远大。我是一个共产党员,人民的勤务员。为了全人类的自由、解放、幸福,哪怕高山、大海、巨川。为了党和人民的事业,就是入火海上刀山,我甘心情愿,头断骨粉,身红心赤,永远不变。

二十一　像春天般的温暖

雷锋在日记里抄录过这样几行闪光的文字：

对待同志要像春天般的温暖，
对待工作要像夏天一样的火热，
对待个人主义要像秋风扫落叶一样，
对待敌人要像严冬一样残酷无情。

雷锋入党之后，对自己的要求更高、更严了。

他在日记里还写道："一个共产党员是人民的勤务员，应该把别人的困难当成自己的困难，把同志的愉快看成自己的幸福。"

我们今天的大多数青少年，都看过那部名为《离开雷锋的日子》的电影，知道雷锋有个好战友叫乔安山。

现在我们就来讲一讲雷锋帮助乔安山的故事。

乔安山是和雷锋一年入伍的。小乔入伍以后，练兵、干活都是好样的，就是学习上有点跟不上，特别是学算术，常常弄得自己晕头转向。

时间一久,他就对自己失去了信心,有了打"退堂鼓"的念头。

雷锋想,一花独秀不是春,百花齐放春满园。毛主席不是也教导过我们吗:"我们都是来自五湖四海,为了一个共同的革命目标,走到一起来了。……我们的干部要关心每一个战士,一切革命队伍的人都要互相关心,互相爱护,互相帮助。"

于是,雷锋就想方设法地来帮助小乔学算术。

小乔对自己没有信心,他说:"我文化底子太薄,恐怕消化不了这么复杂的玩意儿。"

雷锋鼓励他说:"没有谁一生下来就底子厚的,你这样的不自信,首先就要不得!天下无难事,就怕有心人。只要肯钻肯学,哪有闯不过的江河!"

有一天,他把一张报纸拿给乔安山说:"给,上面有一篇文章,是专门为你写的。"

"专门为我写的?什么意思?"小乔好奇地接过报纸。

原来,这是毛主席关心战士学文化的一篇通讯。

"毛主席多么关心我们这些'底子薄'的战士的文化学习啊。"

雷锋说着,就一段一段地读给小乔听。

每读完一段,就再讲解一番,以此激励小乔的学习信心。

小乔受到了启发,觉得自己也许可以试一试,就站起来准备去买笔和本子。

这时,雷锋像变戏法似的拿出了早已买好的钢笔和本子,说:"早就给你准备好了,就等着你自己下决心了。记住,当个现代化的解放军战士,没有文化怎么行!我也是这几年才渐渐悟出这个道理来的呢!"

因为有了雷锋的影响和辅导,乔安山学习上进步很快,并且从一个对自己的学习一直没有信心的人,变成了一个非常喜欢学习和善于学习的战士了。

战友们看在眼里,都觉得,只要雷锋在哪里出现,哪里就会像吹过春风一般的温暖和亮堂。

雷锋却谦虚地引用了古代诗句说道:"'一花独秀不是春,百花齐放春满园';'谁言寸草心,报得三春晖'啊!"

我们在前面曾经讲到过,雷锋喜欢看书和买书,他的挎包里经常塞满了新书,被战友们戏称为"流动图书馆"。

等到书积攒多了,他就找来木头,自己动手,钉了一个结实的小书架,放在营房一角,供战友们借阅和分享。

有个战友还专门编写了一首"快板诗",赞扬这个"小图书馆"呢:

不用上书店,
不用把腿跑,
不用借书证,
不用打借条,
你要想看书,
就把雷锋找。

小小图书馆,
读者真不少,
上至连长,
下至小乔。

小乔看不懂，
雷锋把他教，
念给他来听，
指给他来瞧，
两个好战友，
团结得真好。

雷锋关心战友的故事多着呢！

他所在的连队里常常发生这样的事：一个战友出车去了，床头扔下了一堆脏衣服和破袜子。可是，当他出车回来时，却发现那些脏衣服已经洗得干干净净的了，破袜子也给补得结结实实的了。

战友问遍了周围的人，都不知道是谁干的，没有一个人出来承认。

类似的事情时常发生，却一直成了一个"秘密"。

这天夜里，突然响起了紧急的演习集合号声。匆忙之中，战士韩玉臣的棉裤被电瓶里的盐酸水烧蚀出了几个窟窿。

演习完了，回到营房后，战友们累得倒在床上便呼呼大睡了。

当夜，由身为班长的雷锋带班查哨。

半夜里，雷锋查完哨后回到宿舍，一眼看到了韩玉臣的棉裤上有几个窟窿，棉花都露出来了。

"好家伙！这么多的窟窿，风一吹，不冷吗？"

这样想着的时候，雷锋突然灵机一动，悄悄撕下了自己的军帽里子，就着灯光给他补好了棉裤上的窟窿。

这一幕正好被一个值班的战士看见了。

"班长,原来是你……"小战士正要说话。

"嘘——"雷锋示意小战士不要作声。

第二天,韩玉臣上操回来,诧异地叫道:"怪了!这是哪个好心人,又做了好事!简直就像'田螺姑娘'一样……"

没有人知道是谁做的好事。

这时,那个值班的战士走进来,说:"这是班长昨天半夜里查岗回来,扯下自己的帽子夹里给你补上的!我亲眼看见的,班长不准我声张哩!"

战友们感动得顿时都说不出话来。

他们寻找雷锋的时候,雷锋正挑着水桶,在帮炊事班挑水呢。

还有一次,战友周述明突然接到老家寄来的一封信。

平时总是喜欢说说笑笑的小周,读了家信后,脸上顿时失去了笑容,几天里都是闷闷不乐的样子。

心细的雷锋看在眼里,心想,肯定有什么原因。

这天,雷锋悄悄问周述明:"你老家来信上写了些什么?"

起初,周述明还不肯明说,怕给班长增加精神负担。

雷锋故意说:"你这是不信任我吧?忘记了我们都是阶级兄弟啊!"

周述明最后只好说出了实情。

原来,是他的老父亲病了,父亲盼望儿子能回去看看,或寄点钱回去抓药医病。

雷锋明白了。他知道周述明是个很要强的战士,平时工作积极,从来不谈个人问题。现在,自己的父亲病了,大概也不想请假,更不想让部队救济,所以就一个人闷着。

雷锋找机会暗暗地记下了小周老家的地址。

正好,雷锋那几天要到沈阳去办事。他就在沈阳的邮局里,以周述明的名义写了一封信回去,还随信寄去了十元钱。

没过多久,周述明又接到了一封家信。信上说:"你寄来的钱收到了,正好用做了医疗费。父亲的病已见好转,希望你在部队安心工作,不要惦记家里……"

这下,小周心里可纳闷了:这是怎么回事呢?钱到底是谁寄的呢?

当然,好久以后他才知道,是班长雷锋寄的信和钱。

二十二　以国为家

夏天来了,部队又要开始发放夏季的军服了。

当时连队里发放夏装,每个战士都是两套单军装、两件衬衣和两双胶鞋。

可是,从1960年起,雷锋每年只领一套单军装、一件衬衣和一双胶鞋,说什么也不肯领两套。

司务长觉得奇怪,问他:"到底为什么呢?"

雷锋解释说:"你看,我身上穿的旧军装,不还是好好的吗?再说,即使破旧了,只要缝缝补补还可以穿呢。现在我们国家的经济还不那么富裕,我觉得,只要有一套打补丁的衣服穿在身上,也比我童年时候穿的破烂衣服要好上多少倍呢!请把节省下的一套衣服交给国家吧!"

不仅如此呢。有一天,雷锋趁休息的时候,找来木板子,敲敲打打地钉了一只木箱子,放在宿舍一角。

他把平时从外面拣回的螺丝钉呀、螺丝帽呀,还有钉子、铁丝、旧皮革、牙膏皮什么的,都放在里边。他还管这个箱子叫"聚宝箱"呢。

不要小看这个专门存放旧物品的小木箱子,关键时候它的作用可大了!

例如遇到汽车上缺了个螺丝、坏了个零件什么的,雷锋从来不是张嘴就找供应部门去要新的,而总是先从自己的"聚宝箱"里找找看。找到可以用上的,就先用上,实在没有的材料,他才去向供应部门领取。

他平时用的擦车布什么的,也都是把拣来的破布片和烂手套洗干净了,作为代用,而把公家发的新擦车布节省下来上缴。

"国家、国家,'国'也就是'家'呀!"他常常这样对战友们说。

凡是属于国家的财产,他觉得,哪怕浪费一丁点儿,都不应该。

有段时间里,他负责出车运送水泥。

卸车装车时,装水泥的纸袋难免会有破漏,因此有时车上会蒙上一层散落的水泥。雷锋每次出车回来,总要拿起扫帚和撮箕,小心翼翼地把它们打扫起来。

他的举动也影响着其他人。他们都学着雷锋的做法,不再随意抛撒那些散落的水泥。

果然,积少成多,等运送水泥的任务结束以后,他们清扫和积攒起来的水泥竟有将近两吨重呢。

在自己的日常生活中,雷锋更是简朴得不能再简朴,从来不乱花一分钱。

部队每月发给他的津贴,他首先用来交足党费,然后留下一部分来用于买书和学习用品,其余的全部存入银行。

他穿的袜子,补了一层又一层,最后,一双袜子总是变得面目全非,还舍不得丢掉。

他使用的搪瓷脸盆和漱口杯,上面的搪瓷几乎全掉光了,黑色的铁皮"疤痕"一块一块地露出来,样子很难看。可是,他也舍不得去买新的。

他说:"这样扔掉不是挺可惜吗?反正也不漏水,还可以凑合着用一些时候。能省就省点吧。艰苦朴素的作风可是我们人民军队的'传家宝'啊!"

在外面出车,碰到大热天,不少战士就在附近的小卖部里买汽水喝。有一次,实在是又热又渴了,雷锋也掏出钱来,正在买一瓶汽水,巧的是,这时候正好有人送来了凉开水。

于是,雷锋赶紧又收起了钱,转身喝那免费的凉开水去了。

有人说话了:"雷锋啊,我真是服了你了!你没家没业的,就你一个人,攒那么多钱干什么啊!何必这么苦着自己呢?"

"苦吗?我觉得一点也没有啊!"雷锋说,"怎么能说我就一个人呢?怎么能说我没家没业呢?我们祖国这个大家庭里有六亿多人口啊!"

"那也不缺少你那几个钱哪!"

"你这么说就错了!"雷锋说,"可以积少成多,积米成山嘛!如果每人一天都能节约一分钱、一粒米、一根线,那你算算,全国一天可以节约多少钱?身为国家的一分子,不算这笔账还行吗?"

对雷锋的这些话,有人赞同,觉得他的所作所为是可敬可佩的。

但是也有人不以为然地说:"简直是个傻子,小气得很!"

对此,雷锋有他自己的见解。他在一页日记里写道:

我要做一个有利于人民、有利于国家的人。如果说这是"傻子",那我是甘心愿意做这样的"傻子"的,革命需要这样的"傻子",建设也需要这样的"傻子"。我就是长着一个心眼,我一心向着党,向着社会主义,向着共产主义。

在日记本里的另一页上,他还抄录着这样一段话,用来勉励自己:

战士那褪了色的补补丁的黄军装是美好的,工人那一身油迹斑斑的蓝工装是最美的,农民那一双粗壮的满是厚茧的手是最美的,劳动人民那被日晒的熏黑的脸是最美的,粗犷雄伟的劳动号子是最美的声音,为社会主义建设而孜孜不倦地工作的灵魂是最美的,这一切构成了我们时代的美,如果谁认为这些不美,那他就是不懂得我们的时代。

在实际行动中,雷锋以无限的慷慨,对那些以为他"小气"、是"傻子"的议论做出了无声的回答。

为了支援农业建设,他曾把自己几年来辛苦积攒下的二百元钱,全都取出来,送到了望花区和平人民公社,说:"这是我的一点心意,收下吧!也许可以多买几件农具……"

公社的同志既感动又推辞说:"解放军同志,你的心愿我们收下了,可是这钱,我们不能收,这是你几年来的一点积蓄,你留着自己用,或寄到家里去吧。"

雷锋听到这个"家"字,就更加觉得温暖和激动,说道:"农业集体就是我的'家',我的钱就是要留给'家'里的呀。党和人民给了我一切,我就应该把一切也回报给人民、献给党!"

在雷锋的一再请求下,公社的同志才答应收下一半。

事后，他们给部队首长写来感谢信说："雷锋同志热爱人民的一颗红心，使我们全体干部、社员受到了极大的鼓舞，许多社员表示，我们一定要搞好农业生产，答谢解放军的支援……"

二十三　爱心处处

"人的生命是有限的,可是,为人民服务是无限的,我要把有限的生命,投入到无限的'为人民服务'之中去……"

这是雷锋写在自己日记里的又一段动人的文字。

这是雷锋的崇高愿望,也是他身体力行的实践。

1961年4月的一天,部队首长安排雷锋到旅顺去执行任务。

雷锋是乘坐火车去的旅顺。车上的旅客很多,列车上的服务员忙上忙下的,一直没有闲下来。

雷锋看在眼里,急在心里,很想有机会帮助服务员做些什么。

正好,这时有一位老大娘找不到座位。

雷锋连忙起身说:"老大娘,不用到处找了,您就坐这里吧。"

他把自己的座位让给了老人家,然后转身当"义务服务员"去了。

他先是找来一把扫帚,轻手轻脚地把整个车厢打扫了一遍;

接着又挨个儿去给旅客送开水。

一个老大娘看他额头都冒出了亮晶晶的汗珠儿,就心疼地说道:"来,孩子,看你累得满头大汗,坐下歇息歇息吧。"

雷锋笑着回答说:"大娘,没关系,您老坐着。我一点也不累!"

雷锋觉得,能有机会为旅客们做点事情,这是一种快乐和缘分。

还有一次,雷锋去丹东参加沈阳部队工程兵军事体育训练队的训练活动。

在沈阳车站换车的时候,他看见,检票口熙熙攘攘地围了好多人,好像发生了什么事情。走近一看,原来有位农村来的大嫂丢了车票,正在那里着急呢!

雷锋挤上前,仔细询问那位大嫂说:"先别着急,大嫂,你这是……?"

大嫂急得满头大汗,连忙说:"唉!都怪俺不小心!俺是从山东老家来的,要去吉林看望丈夫,在这里换车,吃饭时不小心,把车票和钱都丢了,要补票时才知道……"说着,大嫂眼圈就红了。

雷锋明白了原因,就安慰大嫂说:"别着急,跟我来,我帮你买张车票。"

不等大嫂再说什么,雷锋就把她领到售票处,拿出自己的津贴费,给她补买了一张票,塞到她手里,说:"快上车去吧,大嫂,晚了可就赶不上了。"

大嫂感激得顿时流下了眼泪,不知说什么好。

雷锋催促她说:"没什么,大嫂,谁都可能碰到难处和着急的时候。快走吧！车要开了。"

"解放军同志，俺真不知道说什么好了！你叫啥名字？是哪个部队上的，俺一辈子都忘不了你的恩情……"

雷锋笑了笑说："快别说了。我叫解放军，住在中国。再见吧！祝大嫂一路平安！"

说着，就先转身离开，消失在人群之中了。

火车开了，那位大嫂还从车厢里探出头来，眼泪汪汪地在人群里寻找着，希望能再看一看雷锋的身影……

又有一次，雷锋出差到抚顺，途经沈阳，在沈阳车站换车。

天刚蒙蒙亮的时辰，雷锋背起背包，检了票走上月台。

过地道时，雷锋看见一位白发苍苍的老大娘，拄着拐棍，挽着一个很重的包袱，看上去很吃力。

雷锋连忙赶上前去，问道："大娘，您这是要到哪里去呀？"

"俺从关里来，要去抚顺看儿子哪。"老人喘着气说。

一听是跟自己同路，雷锋马上把大娘的包袱接过来，一手扶着老人，温和地说道："哦，正好同路。走，大娘，我送您老到抚顺。"

老人一听，可高兴了："那敢情好！毛主席领导的解放军，就是好啊！像大娘的亲儿子一样……"

雷锋说："大娘，我们解放军战士，本来就是人民的子弟兵啊！"

大娘欢喜得一口一个"好孩子"，紧紧挽着雷锋的胳膊。

扶着大娘上车后，雷锋给老人家找了个座位，让老人先坐下了，自己就站在老人身边。

火车开动了，雷锋把刚才在站台上买的两个面包从挎包里掏出来,递了一个给老人,说:"大娘,您吃点东西吧,还软和着呢。"

老大娘赶忙说:"好孩子,大娘不饿,你吃吧!"

"别客气,大娘,吃吧,垫垫饥。"雷锋硬把面包塞到老人手里。

大娘拿着面包,感动得两手直颤,说:"孩子,你真比大娘的亲儿子还要孝顺哪!"说着,就将身子往里挤了挤,空出一点座位来,说,"来,孩子,你也坐下歇歇。"

一路上,大娘和雷锋拉起了家常。她告诉雷锋说,她的儿子是个工人,出来工作好几年了。她这是头一次来看儿子,还不知住在哪里呢!

大娘边说,边掏出一封信递给雷锋,说:"信皮上写的,就是儿子在的地方。"

雷锋看过信上写的地址,自己也没有去过那里。

为了不让老大娘着急,雷锋就赶紧说:"大娘,您放心,我一定帮助您老找到您儿子的住处。"

火车到站后,雷锋又扶着老人,帮老人拿着行李,走出检票口。

他把自己的背包暂存在车站里,然后到处打听,用了差不多两个小时,才终于找到了老大娘的儿子的住处。

"唉,要不是这孩子送我哪,为娘不知道什么时候才找得到你哟。"老大娘对儿子说。

"大娘,您老好好跟儿子唠唠嗑吧,我走了。祝您老康健长寿!"

临走时,母子俩拉着雷锋的手,依依不舍,说什么也要留雷锋吃了饭再走。

雷锋说:"谢谢你们,部队上还有任务,咱们后会有期!"
……

像这样的事情,雷锋做得真是太多了,可以说是数不胜数。

他全心全意为人民服务的故事,不但在连队里流传着,就是在东北的铁路线上,也都广泛流传着。

人们形象而风趣地夸赞说:"雷锋出差一千里,好事做了一火车。"

二十四　涓涓清泉

"亲爱的同学们,我很高兴又戴上了这鲜艳的红领巾。这红领巾是五星红旗的一角,是无数革命先烈用鲜血染红的。我们要做一个无产阶级革命事业的合格的接班人,就应该保持红领巾的鲜红的颜色,决不能使它沾染上半点灰尘……"

一个阳光灿烂的日子,当雷锋来到建设街小学时,一个少先队员为他系上了一条崭新的红领巾。

雷锋深情地抚摸着鲜艳的红领巾,激动地说了上面这番话。

从1960年10月开始,雷锋接受了部队驻地的一些少先队员的邀请,同时受连队党支部的委托,先后担任了抚顺市建设街小学(现已改名为"雷锋小学")、本溪路小学少先队组织的校外辅导员。

其实,在雷锋的书包里,一直放着一件他最心爱的东西:一条红领巾。

那是他当少先队员时戴过的红领巾。雷锋一直舍不得上交,仔细地保存在身边。

从家乡到鞍钢,从鞍钢到部队,这条红领巾一直伴随着他。

他担任了少先队组织的校外辅导员后,红领巾更是从不离身了。

他的业余生活中,也增添了一项更有意义的工作。

无论刮风下雨,只要是少先队员的活动日,雷锋总是风雨无阻,准时来到学校做辅导。孩子们都喜欢听他讲故事。

一天,建设街小学以"听党的话,做毛主席的好孩子"为主题,举行大队会。

雷锋想起在家乡就听到过的、毛主席少年时代在艰苦中求学和好学的故事。

于是,他就联系着自己的身世和经历,把毛主席少年时代的故事讲得十分生动和细致,孩子们一个个听得津津有味,幼小的心灵被深深地打动着。

又有一天,本溪路小学一个学习小组的六个女同学,正在为一道算术题伤脑筋的时候,雷锋叔叔突然出现在她们面前。

"嗬,一个个怎么愁眉苦脸的呀?是不是作业做得不怎么样,挨老师批评了?"

雷锋见孩子们似乎有点不开心,就故意打趣道。

"呀,雷锋叔叔,您来得正好!"孩子们和雷锋叔叔早已很熟悉了,就毫不隐瞒地说,"您怎么像诸葛亮一样,会神机妙算啊?还真是作业的事情呀!"

于是,她们你一句、我一句地把算不出来的难题说了出来。

雷锋鼓励她们说:"对,遇到不懂的问题,就应该'不耻下问'。学问,学问,除了好学,还得多问呀!"

接着,雷锋拿起笔来,一一地给她们讲解了难题。

最后,有五个孩子异口同声地说:"懂了!懂了!"

只有一个小女孩仍然低着头,似懂非懂的样子。

雷锋看出了她的心事,又耐心和详细地为她讲了半天,直到她眉头上的疙瘩也解开了,才放心地离开。

建设街小学三年级有个小同学,学习成绩还算不错,就是字写得不工整,总是像"鬼画符"似的。

雷锋"对症下药",买来钢笔字帖送给他,并仔细地纠正他总喜欢歪着头写字的姿势,手把着手,一笔一画地教他练字。

不久,这位小同学的字就写得颇为端正和工整了。

又有一天,本溪路小学的孩子们正在参加积肥劳动。

因为淘粪的舀子不够,班主任就让五年级的两个学生一同到部队驻地去借。

两个女孩子原本是十分要好的小伙伴,可是这次却并没有结伴前去,而是两个人都极力躲得对方远远的,谁也不理睬谁。

她们到了部队营房时,正好遇上了雷锋。

雷锋从她们的表情神态上,一眼就看出了,两个人在闹什么别扭,互相之间有了隔阂。

雷锋就笑着说道:"我的天呀,挺好看的两个小姑娘,怎么都把嘴巴噘得可以挂油瓶了?羞不羞啊!"

两个小姑娘的小脸,一下子都变红了。

她们知道什么事也瞒不过细心的雷锋叔叔,就只好耷拉着脑袋,说出了实话。

原来,两个人是为了借铅笔和橡皮的事闹了别扭,已经有一个星期互不理睬没说话了呢。

雷锋知道了实情,就笑着对她俩说:"这样可不好,为一点小事吵嘴,多没出息!你们长大了,还要一起建设祖国哩,要是这时候就不讲团结友爱,不互相关心,将来怎么能齐心合力地去为祖国、为人民服务啊？"

两个小姑娘都低下头，脸更红了。可是，她们谁也不好意思先开口说话。

雷锋当然看出了她们的心思，就笑着拉起她俩的手，然后放在一起，说："你看你看，手都握在一起了，还不好意思说话呢！"

两个天真的小姑娘几乎是同时抬起头来，互相看了一眼，都忍不住"扑哧"一声笑出了声。两双小手又紧紧地握在了一起……

还有一次，建设街小学四年级四班的几个小同学，一起来到雷锋叔叔的营房，听雷锋给他们讲战斗故事。

雷锋放下手上的事情，先要同学们把各自的作业本拿出来给他看。这是他每次和孩子们见面时的一个"习惯"。

在检查孩子们作业时，他发现，有一个同学的算术本撕掉了许多页纸。

雷锋就问这个孩子："咦，你的本子怎么这么薄呀？"

小同学的脸"唰"地就红了。

她嗫嚅着说："是我自己……写作业写坏了，一写坏就撕掉，最后就剩下这么几张纸了。"

雷锋见她已知道自己不对了，便亲切地说："你们可知道，造纸的工人伯伯们，要造出一张雪白的纸来，是多么不容易啊！……"

说着，他就把自己的那个"聚宝箱"搬出来，让同学们先看看里面的"宝贝"：旧钉子、螺丝帽、旧皮革、牙膏皮……真是应有尽有。

同学们好奇地问："雷叔叔，这些旧东西都是从哪里弄来的呀?"

"叔叔拣回来的呀！积少可以成多,滴水可以成河。别看都是些破烂玩意儿,一旦需要,还都有些用处呢！毛主席不是教导我们,要艰苦奋斗、勤俭节约吗？把这些东西搜集起来,也能对国家建设做出些贡献呢。"

小同学们这次回去以后,也都开始照着雷锋叔叔的样子,做了不少小小的"节约箱"和"百宝箱",见到有用的东西就拣起来,什么纽扣啦,粉笔头啦,螺丝钉啦,牙膏皮啦……

有的班级的学生还把爷爷奶奶、爸爸妈妈给的零用钱节省下来,一起储蓄了二十多元钱呢。

雷锋用自己的一言一行感染着、影响着经常接触的孩子们。

他的精神,就像是一泓涓涓的清泉,浇灌着那些正在成长的小苗。

可是,孩子们怎么也没有想到,1962年8月15日,一个原本十分平常的日子,却在他们的心中成了永远的伤痛……

尾声　痛失亲爱的战友

1962年8月15日,一个原本十分平常的日子。

这天,淅淅沥沥的小雨,从早晨就开始不停地下啊,下啊……一直下得天空阴沉沉的。

上午,雷锋和战友乔安山一起,驾驶着13号运输车,从山区工地赶回抚顺驻地拉施工材料。

雷锋当驾驶员,乔安山当他的助手。

上午九点钟的时候,他们到了部队驻地。

车一停下,雷锋就麻利地跳下来,招呼助手把车子开到另一处空地上去,准备先把车身和轮胎上的泥冲洗干净,把汽车保养一下。

于是,乔安山就跳上驾驶座,转动着方向盘。

到空地上的洗车处,要经过一段比较狭窄的过道。

车子轰鸣着,喷溅着泥水,慢慢地向后倒去。

雷锋在汽车旁边指挥着:"注意,向左,向左,倒,倒……"

可是,因为地上积满了泥水,又滑又软,车子拐弯时,左后轮突然滑进了道边的一个小水沟里,几乎与此同时,车身撞倒了埋在路边的一根战士们平时牵上绳子、用来晾晒衣服的粗木桩。

此时,雷锋正在全神贯注地指挥着倒车。

粗大的木桩倒下来,不幸的事情发生了!

木桩正好击中了雷锋的头部!

在一瞬间,雷锋扑倒在地,当即昏迷过去了……

"班长!班长!你快醒醒啊!"

等到乔安山发现雷锋倒在了地上,赶紧刹住车,跳下来抱起他时,雷锋微微地张了张嘴,却一句话也说不出来了。

副连长亲自驾驶着汽车,以最快的速度,飞奔向沈阳的医院。

"不能耽搁,一分钟也不能,一定要想办法救活雷锋同志!……"

他们用最快的速度,把沈阳技术最高的医生接来,抢救雷锋。

然而,当浑身已被汗水湿透的副连长带着医生赶回部队驻地时,不幸的事情已经无法挽回了!雷锋终因大脑溢血而停止了呼吸。

他静静地躺在那里,一身风尘仆仆的军装还来不及换下来,却再也听不见首长、医生和战友们痛苦的呼唤了!

他的助手乔安山简直不敢相信,自己的班长在这么短的时间里就永远地离开了这个世界!

乔安山悲痛欲绝的哭声,也无法唤醒亲爱的班长了。

这位劳动人民的好儿子,中国共产党的优秀党员,毛主席的好战士,就这样因公殉职了!

他牺牲时,只有二十二岁!

战友们在整理他留下的遗物的时候看到:

一套被他读过无数遍的《毛泽东选集》四卷本上,画满了他在不同的时间和场合留下的圈圈点点；

他的数百则日记里,不仅真实地记录着他在新中国的阳光下走过的战斗历程,也大写着他崇高的人生观——"毫不利己、专门利人"的生活准则。

他在一页日记里还这样写道:

> 雷锋呀,雷锋！我警告你牢记:千万不可以骄傲。你永远不要忘记,是党把你从虎口中拯救出来,是党给了你一切……至于你能做一点事情了,那是自己应尽的义务,你每一点微小的成绩和进步都应该归于党,要记在党的账上。

噩耗很快传到了雷锋担任校外辅导员的两所小学。

孩子们和老师们都惊呆了。没有谁愿意相信这个噩耗是真的。

孩子们还在追问:雷锋叔叔前天不是已经答应过我们吗,这个星期五下午就来给我们继续讲毛主席青少年时代的故事……

当孩子们终于明白,雷锋叔叔真的已经永远地离开了他们的时候,整个校园里响起了一片揪心的哭声……

雷锋牺牲后的第三天,将近十万群众,包括他生前的首长、战友,还有抚顺市的工人、农民、学生……护送着他的灵柩,缓缓地、悲痛地来到市烈士陵园内。

他们护送他走过了最后一段路程。

他们流着泪看着雷锋的灵柩缓缓地沉入了地下……

雷锋年轻的生命结束了。但他的灵魂、他的精神,还有他的故事,却如苍松翠柏,在祖国的大江南北、长城内外开始了新的生命。

附录　雷锋日记选

1958年6月7日

……如果你是一滴水,你是否滋润了一寸土地?如果你是一线阳光,你是否照亮了一分黑暗?如果你是一颗粮食,你是否哺育了有用的生命?如果你是一颗最小的螺丝钉,你是否永远坚守在你生活的岗位上?如果你要告诉我们什么思想,你是否在日夜宣扬那最美丽的理想?你既然活着,你又是否为未来的人类的生活付出你的劳动,使世界一天天变得更美丽?我想问你,为未来带来了什么?在生活的仓库里,我们不应该只是个无穷尽的支付者。

1958年6月×日

读《沉浮》以后,这本书给了我深刻的印象,沈浩如和简素华的恋爱故事教育了我。我认为简素华的那种坚强不屈的意志,那种高尚的共产主义风格,那种克服困难的决心和信心,那种艰苦朴素的工作作风,对群众那样的关怀,这位女同志是值得我学习的。沈浩如同志是一个有严重资产阶级意识的人,处处只为个人打算,怕吃苦,他那些可耻的行为,我坚决反对。

1958年×月×日

一、保证克服一切困难,勤学苦练,早日学会技术。

二、保证破除迷信,大闹技术革命。

三、保证维护好机械,做到勤检查,勤注油;保证全年安全生产,不出机械和人身故障。

四、保证以冲天的革命干劲,以百战百胜的精神,苦干、实干、巧干,超额完成生产任务。

五、保证100%地参加学习和各种会议,以求得政治、文化、技术各方面的提高。

六、保证做好社会宣传工作,敢想、敢说、敢干,发挥一个共青团员应有的热能。

1959年9月×日

授奖会上的发言:

我这样一个孤苦伶仃的穷孩子,今天能够参加这样光荣的大会,感到十分光荣,万分感激党对我的教育和培养。我的一切都是党给我的。光荣应该归于培养教育我成长的党,应该归于热情帮助我进步的同志们。

我懂得一朵花打扮不出春天来,只有百花齐放才能春色满园的道理。

一花独秀不是春,百花齐放春满园。

1959年×月×日

我第一次走近翻车机的身旁,
仿如空中霹雷响,
吓得我倒退两步心惊慌,
呵!原来是翻车机把一列煤车来个底朝上。
只听那半空中唰唰响,
满满的一列车煤呀!
翻得又净又光。

马达在轰鸣,
翻车机好像个大蛟龙,
上下不停地翻腾绞动。
你的力量无尽无穷,
你的任务是多么重大而光荣。
你有时有点儿小毛病,
我们工人的心呵,
比失掉双手、眼睛还痛。

翻车机呀,翻车机,
我在你身旁工作是多么地骄傲!
我愿意在你身旁尽忠效力,
携起你的友谊的手吧——翻车机,
你我共同走向共产主义!

1959 年 8 月 26 日

自从由鞍山转到弓长岭以来,自己就抱定决心:一定要很好地工作、学习,争取加入中国共产党。对各种学习任务都能认真完成;自学较好,每天早晨学习一小时,晚上总是要自学到深夜十至十一点钟。早晨坚持做早操,没有违反过纪律,都能按规定去做。今后,我应当继续加强组织纪律性,向违法乱纪做斗争,严守纪律,听从指挥,做好机器检查和保养,保证安全,消灭事故。努力学习政治,开展思想斗争和批评与自我批评,加强团结,虚心学习。

1959 年 8 月 30 日

我深深地认识到,做每一件工作,完成每一项任务,哪怕是进行每一次学习,都十分需要听党的话,听领导的话,争取领导的帮助和支持。

党和领导叫怎么去做,就不折不扣地按党的指示去做。这样,就是有再大的困难,也有办法克服;再艰巨的任务,也能完成。相反,如果脱离了领导,不听党的话,光凭个人的心愿去做事情,是很难做好的,甚至要犯错误。有些同志思想进步慢,工作成绩差,是什么原因呢?我认为原因只有一个,就是自以为正确,不听党的话,不听群众的话,明明自己的看法不对,也不改正;明明领导和同志们的意见是正确的,也不诚恳地接受。这样,就会落后。

党的声音,就是人民的声音。

听党的话,就会开放出事业的花朵!

1959年9月×日

敬爱的师傅们：自从我去年11月间离开机关，踏入了伟大的工人阶级的队伍，我是感到非常荣幸的。由于工厂党委对我的亲切关怀和师傅的耐心指教，以及大家的帮助，我很快地学会了新的技术。这是党的光荣，也是师傅们的光荣，是我个人的荣幸。师傅们：我们一定要继续努力，克服困难，为完成党提出的任务而贡献出我们的一切力量。

今天我又感到十分惭愧，我入厂到现在没有为党做出多大的成绩。通过今天的大会，我明白了只有依靠伟大的党和广大群众，克服一切困难，积极热情地工作，才会做出成绩。现在我只有以实际行动，以出色的成绩来感谢党和师傅们的亲切关怀和照顾。

在这里，我向党宣誓，向党保证：

1. 我保证听党的话，服从组织调配。

2. 向先进学习……破除迷信，发扬敢想敢干的共产主义的高尚风格，向科学堡垒进攻。

3. 保证勤学苦练，虚心向师傅们请教，求得对机械的彻底了解和运用。

4. 保证百分之百出勤。

5. 保证按时参加各种会议和学习，在近两年内成为能文能武的多面手。

6. 不违反劳动纪律，踏踏实实地工作。

1959年10月×日

一、加强修养，努力学习团纲、团章和有关团员修养的书籍，处处听党的话;坚决地、无条件地做党的驯服工具。

二、把自己的全部力量献给党的建设事业,在生产中,一定完成任务,一红到底,有一分热发一分光。

三、虚心向群众学习,并以团员的模范作用,带动群众前进。

四、掌握批评与自我批评的武器,经常向支部汇报自己的思想情况,在支部的直接领导、监督下,努力改造自己的思想。

1959年10月×日

昨天我听到一位从北京开积极分子代表大会回来的同志作报告。他说,毛主席在北京接见了他们,毛主席的身体很健康,对我们青年一代无比地关怀和爱护……当时我的心高兴得要蹦出来。我想,有一天我能和他一样,见到我日夜想念的毛主席该有多好,多幸福啊!可巧,我在昨天晚上做梦就梦见了毛主席。他老人家像慈父般地抚摸着我的头,微笑地对我说:"好好学习,永远忠于党,忠于人民!"我高兴得说不出话来了,只是流着感激的热泪。早上醒来,我真像见到了毛主席一样,浑身是劲,总觉得这股劲,用也用不完。

我决心听党的话,听毛主席的话,永远忠于党,忠于毛主席,好好地学习,顽强地工作,为党和人民的事业贡献自己的一切,做一个毫无利己之心的人。我一定争取实现自己最美好的愿望,真正见到我们最伟大的领袖毛主席。

1959年×月×日

1958年入厂的时候,我只是一个抱着感恩的思想埋头苦干的工人,在生产上只能做到完成自己的任务和达到每天的定额。

后来,在党的教育下,特别是受到党的社会主义建设总路线和全国人民冲天干劲的鼓舞,才使我的思想和眼界变得更加开朗和远大,才使我的干劲越来越高涨。

由于党的教育,我懂得了这个道理:一朵鲜花打扮不出美丽的春天,一个人先进总是单枪匹马,众人先进才能移山填海。

1959 年 10 月 25 日

青春呵,永远是美好的,可是真正的青春,只属于那些永远力争上游的人,永远忘我劳动的人,永远谦虚的人!

1959 年 11 月×日

我们在建设焦化厂当中,住不好、吃不好和工作环境不好等,这些困难都是暂时的、局部的、可以克服的。只要我们有叫高山低头、河水让路的气概,是没有战胜不了的困难的。

1959 年 11 月 26 日

中午 12 点,我刚从车间开完会回到宿舍,一进门就被大家围住了。小王拿着一张报纸跑到我跟前说:"雷锋同志,你看,你上次在雨夜抢救水泥,登上共青团员报了!"当时,我也和大家同样感到高兴。这对我和大家来说,都是很大的鼓舞啊!光荣应归于培养教育我成长起来的党,归于热情帮助我进步的同志们。

我这么一点点贡献,比起党对我的要求和希望还是做得很不够的,但是我有决心忘我地劳动,赤胆忠心,不骄不傲地乘胜前进。多为党做一些工作,这就是我感到最光荣的。

1959年12月4日

　　昨天,当我听到车间总支李书记关于1959年征兵的报告后,我激动得一时一刻都没有平静。深夜了,我怎么也睡不着觉,便从床上爬起来,跑到了车间办公室,叫醒了已熟睡的李书记。我问他:"我能不能入伍呀?"李书记笑着回答说:"能呀!像你这样身强力壮的小伙子,参加人民解放军是顶呱呱的哩!"他从头到脚仔细地看了我一下说:"哎呀,小雷怎么没穿棉衣呀!下这么大的雪,不冷吗?"这时我才觉得穿一身衬衣有点寒冷。李书记把棉衣披在我的身上。回到了宿舍,我还是不想睡觉,坐在条桌旁写我的入伍申请书和决心书。

　　今天一清早,我就到车间报了名。现在,我的愿望就要实现了,我怎么能够不高兴呢!只要组织上批准我入伍,我一定要把自己最可爱的青春献给我们的祖国,做一个真正的共产主义革命战士……

1959年12月7日

　　早上7点钟,我和朱主席以及其他几位代表们坐火车到了弓矿开先进生产者、红旗手以及工段以上的干部大会。

　　当我一走进会场,真把我吸引住了:会场布置得是那么的庄严、美丽。上午9点钟,会议正式开始。首先党委高书记宣布了大会主席团名单,其中有我一个,当我走上主席台时,我那颗火热的心是多么的激动啊!像我这样一个放猪流浪出身的穷孩子,今天能参加这样的大会,同时还把我选为主席团的成员。我是党的,光荣应该归功于党,归功于热情帮助我进步的同志们。

1959年12月8日

一个革命者,当他一进入革命行列的时候,就首先要确立坚定不移的革命人生观。……树立这样的人生观,就必须培养自己的思想道德品质,处处为党的利益,为人民的利益着想,具有大公无私、舍己为人的风格。……要能够为党的利益,为集体的利益不惜牺牲自己的利益。否则就是个人主义者,是资产阶级的人生观。

1959年12月12日

一个人出生到世界上来以后,除了早夭的以外,总要活上几十年。每个人从成年一直到停止呼吸的几十年的生活,就构成各人自己的历史。至于各人自己历史的画面上所涂的颜色是白的,灰的,粉红的,或者是鲜红的,虽然客观因素也起一定作用,但主观因素起决定性的作用。每个人每时每刻都在写自己的历史。每个共产党员和共青团员都应当好好地想一想,怎样来写自己的历史。每个共产党员和共青团员,时时刻刻都要以马克思列宁主义、毛泽东思想来做自己的思想行动的指导,真正做到言行一致。我要永远保持自己历史鲜红的颜色。

1960年1月12日

今天,我看了一篇文章,那上面讲了许多向困难作斗争的道理。文章说:"斗争最艰苦的时候,也就是胜利即将来到的时候,可也是最容易动摇的时候。因此,对每个人来说,这是个考验的关口。经得起考验,顺利地通过这一关,那就成了光荣的革命战士;经不起考验,通不过这一关,那就要成为可耻的逃兵。

是光荣的战士,还是可耻的逃兵,那就要看你在困难面前有没有坚定不移的信念了。"

文章还说:"困难里包含着胜利,失败里孕育着成功,革命战士之所以伟大,就是他们能透过困难看到胜利;透过失败看到成功,因此他们即使遇到天大的困难,也不会畏怯逃避,碰到严重的失败,也不至气馁灰心,而永远是干劲十足,勇往直前,终于成为时代的闯将。"

"虽然是细小的螺丝钉,是个微细的小齿轮,然而如果缺了它,那整个的机器就无法运转了,慢说是缺了它,即便是一枚小螺丝钉没拧紧,一个小齿轮略有破损,也要使机器的运转发生故障的。"

"尽管如此,但是再好的螺丝钉,再精密的齿轮,它若离开了机器这个整体,也不免要当作废料扔到废铁仓库里去的。"

1960年2月×日

可以说在我的周身的每一个细胞里,都渗透了党的血液。

为了忠于党的事业……今后,我一定要更好地听从党的教导,党叫我干什么,我就干什么,决不讲价钱。……

1960年2月8日

我出生在一个很贫穷的农民家庭,在旧社会里受尽了折磨和痛苦。参军以后,我在党的培养教育下,深深懂得了社会主义的今天是由无数革命先烈和战友的艰苦奋斗、英勇牺牲得来的。从我参加革命那天起,就时刻准备着为了党和阶级的最高利益牺牲个人的一切,直至最宝贵的生命。

1960年2月15日

敬爱的毛主席,我看到您写的《纪念白求恩》这篇文章,深受教育,被感动得流下了热泪。

过去有人讽刺我说:"你积极有什么用,那么点的小个子,给你一百五十斤重的担子,你就担不起来。"我听了这话,还埋怨自己为啥长这么点小个子呢!

可是,您老人家说:"一个人能力有大小,但只要有这点精神,就是一个高尚的人,一个纯粹的人,一个有道德的人,一个脱离了低级趣味的人,一个有益于人民的人。"这话给我很大鼓舞。个子小我也要尽我自己最大的力量,做到毫不利己,专门利人,向伟大的国际主义战士白求恩学习。

1960年3月×日

我学习了毛主席著作以后,懂得了不少道理,脑子里一片豁亮,越干越有劲,总觉得这股劲永远也使不败。

我为了群众尽了一点应当尽的义务,党却给了我极大的荣誉,去年我被评为先进生产者,并出席了鞍钢的青年建设积极分子大会,这完全是党的培养,是毛主席思想给了我无穷的力量,是广大群众支持的结果。我要永远地记住:

"一滴水只有放进大海里才能永远不干,一个人只有当他把自己和集体事业融合一起的时候才能有力量。"

"力量从团结来,智慧从劳动来,行动从思想来,荣誉从集体来。"

我要永远戒骄戒躁,不断前进。

1960 年 3 月 10 日

在今天的电影里,我看到了英勇的革命战士黄继光。他为了党和人民的事业,为了人类的解放而献出了自己最宝贵的生命。……他这种为了党和人民的事业而牺牲了自己的崇高精神是值得我永远学习的。

……

1960 年 6 月 5 日

要记住:

"在工作上,要向积极性最高的同志看齐;在生活上,要向水平最低的同志看齐。"

1960 年 6 月×日

单丝不成线,独木不成林。一个人是办不了大事的,群众的事一定要发动群众、依靠群众自己来办。……我一定虚心向群众学习,永远做群众的小学生。只有这样,才能做好工作,才能不断进步。

我深切地感到:当你和群众交上了知心朋友,受到群众的拥护,这样会给你带来无穷的力量,再大的困难也能克服,无论在什么艰苦的环境中,都会使你感到温暖和幸福。

1960 年 10 月 21 日

今天吃过早饭,连首长给了我们一个任务:上山砍草搭菜窖。……劳动到了十二点,排副吹起了集合的哨子,大家拿着自己从连里带来的一盒饭,到达了集合地点,排副说:"你们吃中午饭吧。"

我发现王延堂同志坐在一旁看着大家吃饭,我走到他跟前,问他为啥不吃饭,他回答说:"我今天早上吃了两盒饭,没有带饭来。"于是我拿了自己的饭给他吃,我虽然饿一点,但能让他吃得饱饱的,这是我最大的快乐。我要牢牢记住这段名言:

对待同志要像春天般的温暖,

对待工作要像夏天一样的火热,

对待个人主义要像秋风扫落叶一样,

对待敌人要像严冬一样残酷无情。

1960年11月6日

昨天我向于助理员请好了假,去辽阳化工厂看我原来的厂领导和工人。今天早上从沈阳乘火车到了辽阳市。因没赶上火车,我到了辽阳市武装部,见到了余政委。他像父亲一样,左手握着我的手,右手抚摸着我的头,微笑地说:"小雷锋,我昨天在日记本子里还看到了你以前给我的那张相片,我还想起了你,真想不到你今天来这里。"他带我到办公室,亲切地问我在部队的情况,我激动地向首长汇报了自己的工作和学习情况。余政委听了说:"好,应当好好干,把自己的力量献给党的事业。"八点钟了,他送我到车站。下午七点钟,我乘火车到了安平,七点半钟就到了我原来的工厂——焦化厂。我走进党总支办公室,熊书记、李书记、吴厂长看见是我回来了,真是高兴。我也非常兴奋,好像见到了自己的亲人一样。他们真是热情的招待,给我倒茶,还给我做了饺子和鱼吃,把我安置在一间很温暖的房子里睡觉,还带我到厂内参观了现代化的机器生产。我见到了许多以前和我在一起工作的同志，感到高兴万分。他们有的还介绍了生产情况。我看到了新建的焦炉都出焦了，想起自己为这焦炉的建筑贡献过一滴汗水，从心眼里感到十分骄傲和自豪。

1960 年 11 月 14 日

今天早上，我和于助理员到达了安东××部队，首长们对我亲切的关怀和照顾，我真感到革命大家庭的温暖和幸福。

上午 9 点 40 分，首长要我给干部训练队作一次汇报。当我讲到旧社会的苦，痛苦的眼泪直掉。在座的首长和到会的同志们都十分同情我，有半数以上的人掉下了眼泪。会后他们进行了讨论，人人表示决心，一定要紧握手中武器，将革命进行到底，彻底粉碎帝国主义，解放全世界的劳苦人民。

晚上 7 点钟，放了一场电影，影片中的主角聂耳给我的印象最深。他是一个坚强的无产阶级的革命战士，是党的好儿女。他那种勇敢、坚强、机智、虚心、敢于斗争的精神，是值得我永远学习的。

1960 年 11 月 15 日

我们决不能好了疮疤忘了痛。在今晚演出的评剧《血泪仇》里，看到了像王东才、小贵芳他们遭到阶级敌人的迫害，甚至被强奸逼死的惨景，不禁引起我无限辛酸的回忆。我出身在一个很贫穷的农民家庭，我父亲靠给地主当佃户来维持一家半饱的生活，终年辛勤的劳动，到了新年初一，全家五口人，有米不到半升，哥哥只好领着我出去送财神，讨点饭回来吃。

抗日战争时期，我父亲被那毒辣残酷的日本鬼子打死，全家无法生活,哥哥只好到一个小小的机械厂当徒工,妈抱着我三岁的小弟弟,带着我去讨饭。1946年春天,我哥哥在工厂左手指被机器轧断,脑袋被撞破,鲜血染红了里外的衣裳。厂主哪管这些,把我哥开除,无钱治,不久就死去了。我那幼小的弟弟受不住那种生活的折磨,同年冬天被活活的饿死。我妈被无耻的地主强奸后,被赶出来,我可怜的妈啊!被迫自杀……那时我虽年纪小,对那些要命的野兽般的帝国主义和黑暗的社会是多么入骨地痛恨。那时我真想:要是有亲人来搭救我,我一定要拿起枪,粉碎那些狗豺狼,为爹妈报仇!

自从来了人民的大救星,伟大的中国共产党,把我从火坑中拯救出来……今天,在社会主义社会里,在革命的大家庭里,生活在伟大的毛泽东时代,是多么幸福啊!对我来说,这是特别深切感受到的。我们决不能"好了疮疤忘了痛",应该"饮水思源",想想过去,看看现在,我们都不能不以革命的名义来对待一切事业,更高地举起毛泽东思想红旗,发扬革命先烈们艰苦奋斗的精神和优良的传统,全心全意地投入社会主义建设事业,做出更多更好的成绩,才不辜负先烈们的期望,才不辜负党和伟大的领袖毛主席对我们的关怀和鼓舞。

个人的热情和勇敢服从革命的需要,才会焕发出最大的力量。

1960年11月×日

今天我们处在一个翻天覆地千变万化的时代,一个英雄辈出百花盛开的时代,一个六亿人民精神振奋,斗志昂扬,意气风发的时代。在这样的时代里,我们应当鼓足更大的革命干劲,激发更大的革命热情,站得高些,更高些;看得远些,更远些!

1960年11月21日

今天是我永远不能忘记的日子。下午1点半钟,我在沈阳工程兵部见到了上级首长。首长们像慈父般的关怀和热爱我,在这最幸福的时刻,我高兴得连话也说不出来,只是流出了激动的热泪。政委对我说:"受了阶级的压迫,受了民族的压迫,你没有忘本,很好啊!在旧社会受阶级压迫、剥削……穷人没出路,你听了毛主席的话,做了很多工作,做得很对。今天我们革命,不能忘本,忘本就很糟糕。以前做得很好,今后要继续这样做。要读毛主席的书,听毛主席的话,忠实于党,忠实于人民,忠实于毛主席。做出成绩,什么时候都是应该的,我们当革命者不能满足。要更加虚心,对领导要尊敬,对同志要团结,要努力做毛泽东时代的好战士,要做一个好的共产党员。"首长的教导,我深深地印在脑海里。我一定要好好学习和工作,永远听党的话,听毛主席的话,跟党走,做毛主席的好战士。

1960年11月×日

今天,我生长在幸福的毛泽东时代,处处感到温暖,祖国到处都有我慈祥的母亲——伟大的中国共产党对我无微不至的关怀和教育。我这一点点贡献比起党对我的要求和期望还做得很不够。我决心听党的话,好好学习,忘我地工作,积极参加劳动,奋发图强,勤俭建设社会主义。

熟练手中武器,学好军事技术,时刻准备着,当党需要我,我一定挺身而出,不怕牺牲和一切困难,永远忠于党,忠于人民。

继承长辈优良的革命传统,为保卫社会主义建设,为保卫世界和平,我要把自己可爱的青春献给祖国最壮丽的事业,做一个真正的共产主义革命战士……

1960年12月8日

一个革命者,当他一进入革命的行列的时候,首先要确定坚定不移的革命人生观。树立这样的人生观,就必须注意培养自己的思想道德品质,处处为党的利益、为人民的利益着想,具有大公无私、舍己为人的风格,能够为党的利益、为集体的利益不惜牺牲自己的利益,否则就是个人主义者……

1960年12月27日

"……不怕饥饿,不怕寒冷,不怕危险,不怕困难。屈辱,痛苦,一切难于忍受的生活,我都能忍受下去!

这些都不能丝毫动摇我的决心,相反的,是更加磨炼我的意志!我能舍弃一切,但是不能舍弃党,舍弃阶级,舍弃革命事业。"

永垂不朽的革命烈士——方志敏同志是我永远学习的榜样。我出身在一个很贫穷的农民家庭,在旧社会受尽了折磨和痛苦,在慈祥的母亲中国共产党的不断哺育和教导下,居然成为一个国防军战士、光荣的共产党员,我要时刻准备着为党和阶级的最高利益,牺牲个人的一切,直至生命。

1960年12月28日

毛主席说:"没有满腔的热忱,没有眼睛向下的决心,没有求知的渴望,没有放下臭架子、甘当小学生的精神,是一定不能做,也一定做不好的。"

我在党和毛主席的不断哺育和教导下,健康地成长起来。由于政治觉悟的不断提高,树立了为共产主义而奋斗的大志,在工作和学习中取得了一点点成绩,这应该归功于党,归功于帮助我的同志们。我一定永远牢记毛主席的教导,永远做群众的小学生。

1961年1月1日

1960年已过去了,新的1961年在今天已开始。今天我感到特别的高兴。入伍一年来,我在党和首长的培养教导下,由于同志们的帮助,使我学会了很多军事技术知识。刚入伍时什么也不懂,手拿着枪还心惊肉跳只怕走火。由于连、排首长把着手教我,因此我才学会了射击,投弹也是同样地取得了优秀的成绩。汽车理论和实际驾驶学习,每次测验也都是5分。从政治上也有很大的提高,特别是学习毛主席著作后,心里变得明亮了,思想和眼界变得更加开朗和远大了,干劲越来越足。由于政治觉悟的不断提高,因此才能在工作和学习中做出一点点成绩,并于1960年11月8日加入了伟大的中国共产党。我从一个流浪孤儿,成长为一个共产党员,这完全是党的培养教导、同志们帮助的结果。……我要永远忠于党,保卫党的利益,为党的事业奋斗终身。

1961年1月18日

在我们前进的道路上,不可能不遇到一些暂时的困难,这些困难的实质,"纸老虎"而已。

问题是我们见虎而逃呢,还是"遇虎而打"?

"哪儿有困难就到哪儿去,"——不但"遇虎而打",而且进一步"找虎而打",这是崇高的共产主义风格。

1961年2月2日

今天我从营口乘火车到兄弟部队作报告,下车时,大北风刺骨地刮,地上盖着一层雪,显得很冷。我见到一位老太太没戴手套,两手捂着嘴,口里吹一点热气温手。我立即取下了自己的手套,送给了那位老太太。她老人家望着我,满眼含着热泪,半天说不出话来。……路上,我的手虽冻得像针扎一样,心中却有一种说不出的愉快。

1961年2月3日

今天我到达海城××部队后,上午作了一场报告,下午我和郅顺义老英雄见了面。……老英雄抚摸着我的头,紧紧地握着我的手,亲切地问我多大年纪,什么时候入伍的?同时还倒给我一杯茶。当时,我的心像抱着一只小兔子一样,怦怦直跳,有一肚子话可不知咋样说好。我听说老英雄是董存瑞的亲密战友,我的心像压不住似的要往外蹦,万分敬佩和羡慕地叫他给我讲董存瑞的英雄事迹。我听他说:"董存瑞是六班的班长,我是七班的班长。在1948年5月25日打隆化县的时候,董存瑞在爆破组,我在突击组,我们的任务是要去炸掉敌人的四个碉堡和五个地堡。我们两个组牺牲了六个人,每组只剩下两个人了,董存瑞对我说:'就是剩一个人也要坚持战斗,不完成任务不回队!'在炸最后一个碉堡的时候,董存瑞用手举着炸药包,炸掉了敌人的碉堡,完成了战斗任务,我敬爱的革命战友董存瑞就这样英勇地为党的事业而光荣地牺牲了。"我听到老英雄讲完董存瑞的英雄事迹后,我的心像大海的浪涛一样,久久不能平静,我感动得满眼热泪直掉。

董存瑞英雄对敌人万分的愤恨,对党和人民无限的忠诚,在战争当中,英勇顽强,丝毫不畏缩,为人民的解放牺牲自己。董存瑞英雄是我永远学习的好榜样,我一定要为党和阶级的崇高事业,随时准备牺牲自己的一切,直至生命。郅顺义老英雄是我永远学习的榜样,他在战斗当中,勇敢坚定,机动灵活。他俘虏敌人一百四十多人,缴获机枪四十多挺。他勇敢地消灭了敌人,保存了自己。

……

董存瑞和郅顺义两英雄的事迹,深深地教育了我,给了我莫大的鼓舞和无穷的力量,我一定要时刻用这些英雄的事迹来鞭策自己,永远忠于党,忠于人民。

1961年2月17日

今天是春节假期的第四天,吃早饭的时候,连值班员说:"上午九点集合到和平俱乐部看电影。"有一个同志问了一句:"是什么片子?"他说:"是《昆仑铁骑》。"大家都说:"好极了,可不要错过这个机会。"我一边吃饭,一边想:春节五天假期过完了,19号就要开始冬训。为了响应党的号召,支援农业第一线,争取今年农业大丰收,我还是去多积点肥,支援人民公社,这样做有两个好处。第一,以实际行动支援农业,对社员们是一个鼓舞,同时也更密切了军民关系。第二,替居民搞了卫生。因小孩在屋前屋后拉了很多大粪,看起来脏得很,我去把大粪捡起来,给居民把地扫干净,这真是一件一举两得的好事,既搞了卫生又积了肥。说干就干,我推着手推车,拿着铁锹和粪筐,走到了望花区北后屯,看见了工人住宅的屋前屋后有很多一小堆一小堆的粪便,我便立刻捡了起来。一位老大爷从宿舍里出来,很惊奇地问我:"军人同志,你们过节还不休息么?"我回答说:"响应党的号召,捡点大粪,支援农业,争取今年大丰收嘛。"那位老大爷点点头,笑着说:"好啊好啊,你真想得周到,过年不歇着,捡大粪送给公社,这得好好地表扬啦,这种精神也值得大伙儿学习呀。"我对老大爷说:"支援人民公社,这是我应尽的义务。"那位老大爷很热情地叫我到他家里去休息一会儿,我谢了谢他老人家的好意,推着车子走了。到了下午2点钟,我捡了满满一车粪,送给了望花区工农人民公社。人民公社的负责同志们都很受感动。……

1961年2月20日

……廖初江战友也来了,我见到他,真感到格外的高兴。我紧紧地握住他的手不放,一同走出车站,乘小吉普车来到他们师部招待所。首长对我无微不至的关怀和热爱,我真不知说什么好,只被感动得满眼含着热泪。

我和廖初江战友挨着坐在一条凳子上,他的手很自然地搭在了我的肩上。他和我亲切地谈起了家常话,他给我签了字,同时,张助理员还给我们拍了一张照片。

1961年3月×日

凡是脑子里只有人民、没有自己的人,就一定能得到崇高的荣誉和威信。反之,如果脑子里只有个人、没有人民的人,他们迟早会被人民唾弃。

1961年3月4日

今天,连长发给我一支新枪,我真像得了宝贝一样,乐得连话都说不上来,看看那锋利而发亮的刺刀,摸摸那光滑的机柄,数着崭新的子弹,简直高兴得不知如何是好,生怕把枪弄脏了。看到枪机上落了一点点灰尘,我立即从衣兜里掏出自己心爱的手绢,把枪擦得一干二净。

人民给我这支枪,我一定要好好保管和爱护,向党和人民保证,决心勤学苦练,一定要练出真正的硬本领,坚决保卫我们的社会主义建设,保卫我们伟大的祖国。随时准备给侵略者致命的打击。

这支枪是我的,是革命给我的!

要想从我这里夺去,我宁愿战斗而死!

对党和人民要万分忠诚,对敌人越诡诈越好。

1961年3月16日

世界上最光荣的事——劳动。

世界上最体面的人——劳动者。

1961年4月×日

当你在最困难、最危险、甚至威胁自己生命时,也能严格地遵守纪律,那就是好党员。我要做一个名副其实的共产党员。

1961年4月15日

毛主席教导我们说:"任何新生事物的成长都是要经过艰

难曲折的。在社会主义事业中,要想不经过艰难曲折,不付出极大努力,总是一帆风顺,容易得到成功,这种想法,只是幻想。"共产党所以能够领导人民群众,正因为,而且仅仅因为,她是人民群众的全心全意的服务者,她反映人民群众的利益和意志,并努力帮助人民群众组织起来,为自己的利益和意志而斗争。

1961年4月16日

热情,像熊熊的火焰,是一切的原动力!

有了伟大的热情,才有伟大的行动。

今天是星期日。有的同志叫我上街看电影,我想起了一件事:党号召要大办农业……在这风和日丽的春天里,正是农忙的季节,公社的社员们都在紧张而又忙碌地耕地、播种。我是一个农家的孩子,现在虽然成了一名祖国的保卫者,可是我有责任支援农业,改变农村的面貌,为农业早日机械化、电气化贡献一点力量。

想到这些,我哪里有心看电影呢?拿着铁锹跑到了抚顺市李石寨人民公社万众生产大队,和社员们一起翻地。他们的革命干劲深深地教育和鼓舞了我,他们建设新农村的革命热情是万分高涨的。我真正懂得了群众的力量能移山填海,无穷无尽,一个人的力量总是沧海一粟。我决心永远和群众牢牢地站在一起,为人类最美好、最幸福的生活而斗争。

1961年4月23日

今天早上接到上级首长的指示,要我到旅顺海军部队汇报。上午十点十五分我乘火车离沈(阳)去旅(顺)。列车上的旅客很多,我看服务员忙不过来,心想,自己是一个共产党员,共产党员的全部任务就是全心全意为人民服务。在这种情况下,我应当做一名义务服务员,为旅客们服务。我把自己的座位让给了一个老大娘,自己在车上找到了一把扫把,挨个扫完了整个车厢,接着又擦玻璃和车厢,而后给旅客们倒开水。有个老太太很亲切地对我说:"孩子,看你累得满头大汗,该休息啦。"我回答说:"没什么!"……一个大尉首长站起来握着我的手说:"大家应该向你学习。"我对首长说:"为人民服务这是我应尽的义务。"

列车在飞奔,旅客们个个心情舒畅,有的打扑克,有的唱歌,有的唠家常,还有的妇女逗小孩,广播员播送各种新闻和好听的歌曲,整个车厢充满了愉快和欢乐。

"旅客们注意啦!现在我们车厢要选一位旅客安全代表。"乘务员说。一位旅客站起来说:"选这位解放军同志,大家同不同意啊?"旅客们都异口同声地说:"好。"我真感到这是同志们对我高度的信任,那么,应该更好地关心大家。和旅客打交道,真好极了,原先不认识的,也认识了,亲热得像一家人一样,真是有啥说啥,旅客们有事都找我,但我并不感到麻烦,反而觉得荣幸。……

1961年4月24日

我到了××部队,好几个战友的眼睛出神地看着我,其中一个同志说:"是雷锋!"另一个上士同志说:"不是,雷锋一定是下士了,哪能还是一个上等兵呢?他可能是雷锋班里的战士吧!"他们都不敢肯定我是不是。和我一同去的季增同志对他们说:"你们不认识他吗?他就是雷锋。"我笑着和他们握了手,并问好。其中有个战友可有意思,他伸出大拇指对我说:"你是这个,呱呱叫的,起先我们都不敢认你,想必你一定是个下士了。"我笑着回答说:"当兵很好嘛,都是为着一个目标——实现共产主义。"

我仔细分析了一下,他们想我一定是下士了,也许是有点根据,因报纸上都宣传过。同时党和首长都很信任,一定要提升得快一些,可是他们没考虑到工作需不需要的问题。为了党和人民的事业,我总想多贡献一点力量,那些个人的军衔级别,我真没时间考虑。

1961年4月×日

挤时间读书:早起点,晚睡点,饭前饭后挤一点,行军走路想着点,外出开会抓紧点,星期假日多学点。

如果不积累许多个半步,就不能走完千里。

1961年4月27日

今天上午,我在旅顺海军××舰上,向海军首长和战友汇报了自己的一切工作、学习和生活在两个不同的社会里的两种不同的命运的情况,当我讲到在旧社会那种悲惨遭遇时,舰长和海军战友都掉下了眼泪,我更是悲痛万分!我是无产阶级革命战士,只有化悲痛为一切前进力量,将革命进行到底,为人类的解放而斗争。

下午一点钟,我乘火车离旅顺回沈阳,在列车上看到一位有病的老大爷,我把座位让给了他老人家,并问他是什么病,他半天才说了一句:"痨病十多年啦!"我问他在旅行当中有什么困难?他说:"我到丹东还差一元钱买车票,我还没吃午饭呢!"毛主席教导我们说:"我们的同志不论到什么地方,都要和群众的关系搞好,要关心群众,帮助他们解决困难。"于是,我帮助他解决了旅途中的困难。

1961年4月28日

现在,我们国家处于困难的时期。我们是国家的主人,应该处处为国家着想,事事要精打细算,不能今朝有酒今朝醉,明日愁来明日忧。我们要奋发图强,自力更生,克服当前的暂时困难,坚决反对大吃大喝,力戒浪费。

……

同志,您是否意识到您的一切生活在幸福之中?可能意识不到,也可能意识到了。当您能吃到一顿饱饭,穿上一套衣服,能当家做主,自由地生活,您有如何的感觉呢?有一种说不出的幸福感。这是党和毛主席、革命前辈流血牺牲给您带来的。

1961年4月30日

毛主席指示我们:"要提倡勤俭建国。要使全体青年们懂得,我们的国家现在还是一个很穷的国家,并且不可能在短时间内根本改变这种状态,全靠青年和全体人民在几十年时间内,团结奋斗,用自己的双手创造出一个富强的国家。社会主义制度的建立给我们开辟了一条到达理想境界的道路,而理想境界的实现还要靠我们的辛勤劳动。有些青年人以为到了社会主义社会就应当什么都好了,就可以不费气力享受现成的幸福生活了,这是一种不实际的想法。"

毛主席的话给了我深刻的教育和启发。根据我国的目前情况来看,还有着很多困难。这都是自然灾害给我们造成的。为着克服这些困难,就要十分地听党和毛主席的话,一切做长远打算,……注意节约。

今天司务长发给我两套单军衣和两套衬衣,我只各领了一套,剩下那两套衣服交给了国家,以减少国家的开支,支援祖国的建设。

1961年5月1日

今天是伟大的"五一"国际劳动节,我感到特别的高兴。为了纪念这个伟大的节日,我没有上街看热闹,把房前、房后、室内、室外干干净净地打扫了一遍,帮助炊事班洗菜、切菜、做饭,用了三个小时。其他大部分时间用于学习《王若飞在狱中》这篇文章。我读了一遍又一遍,越看越爱看,越读越感动!读完之后深深感到,我们不应该忘记过去!

在旧社会里,广大劳动人民受着国民党反动派的剥削压迫,过着牛马不如的生活。在惨无人道的旧社会里,有多少人像刘宝全这样白白地死去啊!

和千千万万受剥削受压迫的劳动人民一样,在旧社会里,我家也受尽了旧制度的折磨和凌辱……解放了,我才脱出苦海见青天!革命前辈用生命和鲜血拯救了我,伟大的共产党和毛主席拯救了我!……我要永远听党的话,永不忘记过去,为了共产主义事业,要像王若飞同志那样,永生战斗!

1961年5月2日

我在《前进报》上看到了共产党员郑春满同志舍己救人的

英雄事迹后,感动得流出了眼泪。他在抢救两个孩子的生命与怒涛漩涡搏斗中,光荣地献出了自己的宝贵生命。我为失去这样一个好的阶级兄弟而感到十分沉痛。同时,也为有这样一个在党和毛主席教导下,在革命军队熔炉里熔炼成长起来的真正优秀的阶级兄弟而感到光荣和骄傲。

郑春满同志的这种见义勇为,舍己救人的英雄行为,表现了无产阶级的最高尚的品德,充分地反映了人民军队的本质。毛主席教导我们:"……紧紧地和中国人民站在一起,全心全意地为中国人民服务,就是这个军队的唯一的宗旨。"他忠诚地按照毛主席的教导,把自己锻炼成为一个真正的革命战士。我要学习他那舍己救人的精神,为共产主义奋斗终身。

1961年5月3日

我看到一位同志做了一件损公利己的事,心里过不去,立即批评和制止了他。爱护国家和人民财产是我的责任,不能不管,今后还应该大胆地管……牢牢记住,并且要贯穿到自己的生活和实际行动中去——革命的利益高于一切,处处为集体利益而不惜牺牲个人的一切。

毛主席说过:"无数革命先烈为了人民的利益牺牲了他们的生命,使我们每个活着的人想起他们就心里难过,难道我们还有什么个人利益不能牺牲,还有什么错误不能抛弃吗?"我想,那位同志太自私自利了,没有集体主义思想。对于这种人脑子中落后的东西,我们要去扫除,就像用扫帚扫房子一样,从来没有不经过打扫而自动去掉的灰尘。坚决按照毛主席的指示办事。

听毛主席的话,做一个有益于人民的人。

今天早上,下着大雨,我因公从抚顺到沈阳。早5点钟从家出发,在到车站的路上,看到一位妇女背着小孩,手还拉着一个六七岁的女孩去赶车。他们母子三人都没穿雨衣,那个小女孩因掉进泥坑里,弄了一身泥,一边走还一边哭。看到这种情况,我立刻想起了毛主席教导我们无论到什么地方都要关心群众,帮助他们解决困难……我急忙跑上前去,脱下自己的雨衣披在那位背小孩妇女的身上,马上又背起那小女孩一同到了车站。上车后,我见那小女孩冻得直打战,全身没有一点干处,头发还在掉水。咋办呢?我摸着自己一身衣服也湿了,急忙解开外衣,发现贴身的那件绒衣是干的,立即脱下来穿在了那小女孩的身上。听他们说还没吃早饭就来赶车了,我把早上没吃的三个馒头送给了她们。上午9点钟,列车到了沈阳站,我没顾到肚子饿,又背着那小女孩跟随她母亲,把她们送到家里。我要离开她家的时候,那位妇女紧紧地握着我的手不放,激动地说:"同志!我怎么感谢你呢?"说着热泪滚滚直掉,把我也感动得不知说啥好。"你不要感谢我,应该感谢党和毛主席!"这是我从内心深处说出来的一句话。

通过学习毛主席著作和自己的实践,我深刻地认识到毛泽东思想是做好一切工作的根本保证。今后,我要更好地学习毛主席著作,用毛主席的思想武装自己的头脑,指导自己的一切行动,永远做一个有益于人民的人。

1961年5月4日

党和毛主席救了我的命,是我慈祥的母亲。我为党做了些什么？当我想起党的恩情，恨不得立刻掏出自己的心；当我想起我所经历的一切太平凡了的时候，我就时刻准备着：当党和人民需要我的时候，我愿意献出自己的一切。

1961年5月20日

目前我们的军事训练很紧张，干部战士的工作、学习简直忙得不可开交，晚饭后的一个小时休息时间，大家都主动地到地里搞生产，有些战友连上街理个发的时间也抽不出来。根据这种情况，首长给我们买了三套理发的工具，要我们自己互相理发，可是又没有人懂得理发的技术，都是外行。怎么办呢？学习了毛主席的著作后，心里开了窍，毛主席说："你要有知识，你就得参加变革现实的实践。"毛主席的话给了我很大的启发，我利用业余时间，跑到附近的理发店，请教理发师，在理发师的耐心指导和帮助下，学会了基本的操作方法。

我第一次给战友刘正武理发时，总是感到手不顺心，推剪夹头发，一个头还没有理到一半，他说剪刀夹得头发痛，不剪了。开头一次学理发失败了。

……

我鼓足了勇气，午休不睡觉，跑到理发店继续学习，在理发员的热情帮助下，一次、二次、三次，终于学会了理发，现在战友们都愿意要我理发了，到了星期六或星期日，我就忙不开了。以前不要我理发的刘正武战友，也主动要我给他理发了。

1961年6月29日

"你们有许多的长处，有很大的功劳，但是你们切记不可以骄傲。你们被大家尊敬,是应当的,但是也容易因此引起骄傲。如果你们骄傲起来,不虚心,不再努力,不尊重人家,不尊重干部,不尊重群众,你们就会当不成英雄和模范了。过去已有一些这样的人,希望你们不要学他们。"

毛主席的这一段话,对我有很大的启发和教育。十多年来,我在党的不断培养和教育下,提高了政治思想觉悟,树立了为共产主义事业奋斗到底的雄心大志,因此在各项工作和学习中取得了一点点成绩,党和人民给予了我很大的荣誉。自从去年各报刊和广播电台介绍了我的情况以后,收到了全国各地许多青年的来信,今天党对我这样信任,同志们对我这样尊重,我一定要更加虚心,尊重大家,努力学习,忘我工作,时刻牢记毛主席的教导,永远做一个人民的小学生。

1961年7月1日

今天早上起来,我感到格外的高兴,原因不是别的,昨晚我梦见了伟大的领袖毛主席。正好今天又是党建立四十周年的诞生日。今天,我有向党说不尽的话,感不尽的恩,表不完为党终身奋斗的决心。

我,一个孤苦的穷孩子,今天成长为一个解放军战士、光荣的共产党员,并当选为抚顺市人民代表,这一切是我做梦也想不到的。可以肯定地说,没有共产党,就没有我。每当朋友和同学及许多不相识的同志来信称赞我,羡慕我的进步的时候,我就感到很不安。我像一个学走路的孩子,党像母亲一样扶着我,领着我,教会我走路。我每成长一分,前进一步,这里面都渗透着党的亲切关怀和苦心栽培。

……

亲爱的党,我慈祥的母亲,我要永远做您的忠实儿子,……为建设社会主义和实现共产主义而献出自己的全部力量,直至生命。

1961 年 8 月 3 日

今天是我永远不能忘记的日子,我光荣地参加了抚顺市第四届人民代表大会第一次会议。像我这样一个孤苦的穷孩子,能够参加这样的大会,心里有说不出的高兴和感激。

过去当牛马,今天做主人。

参加代表会,讨论大事情。

人民有权利,选举自己人。

掌握刀把子,专政对敌人。

忠心拥护党,革命永继承。

那怕上刀山,永远不变心。

1961 年 8 月 6 日

我看见有六位六七十岁的老太太来参加抚顺市第四届人民代表大会,内心十分羡慕和尊敬。我看到她们就好像看到了自己的祖母一样。拉着她们的手,微笑地向她们问好,并把她们一个个送到宿舍,给她们倒茶,打水……并和她们有趣地拉家常。……从阶级友爱出发,我不但爱这些老太太,而且爱全国人民,爱全世界的劳苦大众。他们都是我的亲人,我要为他们的自由、解放、幸福而贡献自己毕生的全副精力,直至最宝贵的生命。

1961年8月7日

抚顺市人民代表大会已经开了四天,今天是最后一天了。市委负责同志代表全市人民的心意,送给了我们一份礼物(一斤苹果)。当我拿着这斤用红纸包着的苹果,内心特别激动。回想起自己过去那种无依无靠到处流浪的苦日子,总觉得现在的党和人民胜过自己的亲生父母,对我太关心了。我想:自己好了,不能忘记为人民而负了伤的阶级兄弟。于是我把这份苹果又转送给了住在卫生连的伤病员同志,自己虽然没吃着,但是心里比吃了这斤苹果还要甜十分。

1961年9月11日

人民的困难,就是我的困难,帮助人民克服困难贡献自己的一点力量,是我应尽的责任。我是主人,是广大劳苦大众当中的一员,我能帮助人民克服一点困难,是最幸福的。

1961年9月20日

我在哨所周围来回流动,脑子里一个转又一个转地想着,汽车、油库、国家的许多财产、全连的安全,都掌握在卫兵的手里,如果麻痹大意,不提高警惕,万一敌人破坏,那将给国家和人民造成多大的损失。我感到自己责任的重大。比起红军长征的时候,天天打仗,经常几天几夜得不到休息,还是那样坚强勇敢,英勇奋战,我呢?又感到惭愧。人民的子弟兵,祖国的保卫者,这个光荣的称号使我感到高兴,我宁愿站到天亮也乐意。

1961 年 9 月 22 日

　　毛主席写的《纪念白求恩》这篇文章，我早已读过，并为他的国际主义精神和共产主义精神感动得流出了热泪，他对我的教育和启发特别之大。他那种毫不利己、专门利人的精神，鼓舞和鞭策了我的进步，使我所取得的收获不小。

　　今天副指导员又给我们上了这一课，我又反复地看了数遍，所受教育更为深刻。白求恩同志对待自己本行业务是那样刻苦地钻研，精益求精，为人类的解放事业献出了毕生精力和整个生命。可是我呢？为党，为人民又做了一些什么呢？对照起来，我感到万分惭愧和渺小，拿自己的技术学习来说，还不是那么刻苦钻研的，学得也不能深透。但是我相信，只要再加一把油，勤学苦练，虚心学习，是一定能把汽车开好的……一旦帝国主义发动侵略战争，我们就彻底、干净、全部地把它们歼灭。

　　通过这篇文章的学习，使我更深刻地认识到：

　　一个人活着，就应该像白求恩同志那样，把自己的毕生精力和整个生命为人类的解放事业——共产主义全部献出。

　　我要永远站在无产阶级的立场上，永远忠于党、忠于人民、忠于保卫祖国和世界和平的伟大事业，做一个真正的共产主义革命战士。

1961 年 10 月 2 日

　　我做事，老愿一个人去干，不爱叫别人，生怕人家不高兴。就拿扫地来说，我每天早上忙得不可开交，有的同志却闲着没事，自己累得够呛，可是扫的地段不大。有时室外卫生没有及时打扫，首长看了不满意，我为这个问题真有点着急。

今天连长找我谈话,句句打动了我的心。他说:"火车头的力量很大,如果脱离了车厢,就起不到什么作用。一个人做工作,如果脱离了群众,就会一事无成……"连长的话给了我很大的教育和启发,使我懂得了,一个人只有和集体结合在一起才能最有力量。今天我发动了全班的同志打扫卫生,由于大家一齐动手,很快就把室内室外打扫得干干净净,事实证明连长的话是正确的。今后我无论做什么,一定要走群众路线,依靠群众,发动群众,团结群众,一道为社会主义建设和实现共产主义而贡献力量。

1961年10月3日

人生总有一死,有的轻如鸿毛,有的却重如泰山。我觉得一个革命者活着就应该把毕生精力和整个生命为人类解放事业——共产主义全部献出。我活着,只有一个目的,就是做一个对人民有用的人。

当祖国和人民处在最危急的关头,我就挺身而出,不怕牺牲。生为人民生,死为人民死。

1961年10月8日

今天我在报纸上看了一篇文章,其中鲁迅的两句诗对我教育很深,我坚决要按照鲁迅的那两句诗去做:

"横眉冷对千夫指,俯首甘为孺子牛。"

对敌人要狠,要像严冬一样残酷无情;对党、对人民要忠诚老实,永远忠于党,忠于人民,做党和人民的驯服工具。

1961年10月10日

我觉得一个真正的革命者,他是大公无私的,所作所为,都是对人民有益的,他的责任是没有边的……

1961年10月12日

我要牢记这样的话:永远愉快地多给别人,少从别人那里拿取。这种共产主义精神,我要在一切实际行动中贯彻。

今天,我听战友佟占佩说:没有日记本了,手中无钱买。我立即把自己一本新的日记本送给了他。这仅仅是一点小意思。我愿意把自己所有的东西,包括生命献给党和人民……

1961年10月15日

今天是星期日,我没有外出,给班里的同志洗了五床褥单,帮高奎云战友补了一床被子,协助炊事班洗了六百多斤白菜,打扫了室内外卫生,还做了些零碎事……总的来说,今天我尽到了一个勤务员应尽的义务,虽然累了一点,也感到很快活。班里的同志感到很奇怪,不知道谁把褥单都洗得干干净净的。高奎云同志惊奇地说:"谁把我的破被子换走了?"其实他不知道是我给他补好的呢!我觉得当一名无名英雄是最光荣的。今后还应该多做一些日常的、细小的、平凡的工作,少说漂亮话。

1961年10月16日

高楼大厦都是一砖一石砌起来的,我们何不做这一砖一石呢!我所以天天都要做这些零碎事,就是为此。

1961年10月18日

有的同志晚上不愿意站岗。白天工作学习忙,比较疲劳,晚上睡得甜蜜蜜的,叫起来站岗,是有一点不是滋味。可是,他们没有想到,站岗是党和人民交给我们的一项光荣而艰巨的任务。每次轮到我站岗的时候,不管是白天或黑夜,烈日或严寒,我总是很愉快地去执行了。这是因为我时刻想到:我们是伟大的中国人民解放军,是祖国的保卫者,是人民最可爱的人。

1961年10月19日

有些人说工作忙、没有时间学习。我认为问题不在工作忙,而在于你愿不愿意学习,会不会挤时间。

要学习的时间是有的,问题是我们善不善于挤,愿不愿意钻。

一块好好的木板,上面一个眼也没有,但钉子为什么能钉进去呢?这就是靠压力硬挤进去的,硬钻进去的。

由此看来,钉子有两个长处:一个是挤劲,一个是钻劲。我们在学习上,也要提倡这种"钉子"精神,善于挤和善于钻。

1961年11月26日

我学习了《毛泽东选集》一、二、三、四卷以后,感受最深的是,懂得了怎样做人,为谁活着……

我觉得要使自己活着,就是为了使别人过得更美好。

我要以黄继光、董存瑞、方志敏等同志为榜样,做一个热爱祖国、热爱人民、永远忠于党、忠于人民革命事业的人。

1961年11月27日

今天下大雨,我看到咱们车场放了两堆苞米,虽然用雨布盖上了,但是我还不放心,跑去一看,发现苞米被雨淋湿了不少。我真心痛极了……立刻组织了全班的同志冒雨收苞米。有的拿大筐,有的拿麻袋,装的装,抬的抬,很快就把两千多斤苞米搬到了家里,免遭损失。虽然衣服湿了,但是粮食收回来了,自己放心,心里快活了。

1961年×月×日

学习《纪念白求恩》

一个人能力有大小,但只要有这点精神,就是一个高尚的人,一个纯粹的人,一个有道德的人,一个脱离了低级趣味的人,一个有益于人民的人。

我决心听毛主席的话……事事大公无私,处处从党和人民的利益出发,全心全意为人民服务,决不让有一点肮脏的个人利益低级趣味的东西来玷污自己。向白求恩学习,做一个毫不利己,专门利人的人,为共产主义奋斗终身。

一个人,只要大公无私,处处从党和人民的利益出发,兢兢业业为党工作,老老实实为人民服务,就是一个有益于人民的人。

一个人只要他不存私心,时时刻刻考虑人民的利益,全心全意地去为人民服务,他就能成为一个道德高尚的人。

加强工作责任心,对同志对人民要忠诚,要热情,要关心,要互相帮助。

一个革命战士必须具有把一切献身于无产阶级革命事业的

崇高理想。

不但要有好的思想,而且还要有高超的技术,才能更好地为人民服务。

文章的结尾告诉了我们要做一个什么样的人。

我活着就要做一个对人民有用的人。

1961年12月20日

昨晚我连车辆紧急集合,×××同志搬电瓶发动机车时,洒了一些电瓶水,衣服上沾了不少。因电瓶水是硫酸和蒸馏水混合而成的,腐蚀性大,结果他那条新棉裤烧了几个大口子。今天我看他很不高兴,着急找不到黄布补裤子。我立即拆掉自己的棉帽衬洗干净(棉帽衬是黄布做的),在夜里,当他睡着了,我用棉帽衬那块黄布偷偷地给他把新棉裤补好了。×××知道这件事后,便激动地对我说:"班长!你对我太关心了……"

1961年12月30日

我班乔安山同志的母亲病了,今天来信叫他请假回家看望。首长批准了他三天假。可是他着急回家缺钱,想买点东西给母亲吃,钱又不够。正当他为难的时候,我一考虑心里过不去,我想:他的母亲就像我的母亲一样,他有困难,也等于是我的困难,我和他都是阶级兄弟,应当互相帮助。想到这里,我立刻拿出了自己的拾元津贴费,还买了一斤饼干,一起交给他,叫他带回家给母亲。乔安山同志接到我的钱和饼干后,激动地说:"班长,我太感谢你了……"

我班×××同志,叫他出车就高兴,不叫出车或做点其他工作就不大满意。还有的同志拈轻怕重,害怕累了自己。

比如:有一次淘厕所,有的同志说:"这活不是咱们干的,我们是开车的,应该叫其他连队来淘。"在干的当中,我发现有个别同志怕脏怕累,站在一旁瞅着。

我一边干活,一边想:如果我们革命队伍中存在着这种怕苦怕累的思想,对工作会有影响,对革命不利,如果不及时纠正,会造成什么后果呢?我想来想去,又想起了毛主席的教导,毛主席说:"什么叫工作,工作就是斗争。哪些地方有困难、有问题,需要我们解决。我们是为着解决困难去工作、去斗争的。越是困难的地方越是要去,这才是好同志。"当天吃过晚饭,我组织全班同志学习了这篇文章。通过学习,大家提高了认识,统一了思想。第二天本来是星期日,大家向我提出要求不休息,积肥支援农业。睡觉之前,于泉洋和庞春学等同志把粪桶及工具都准备好了。第二天天刚亮,我发现铺上的人都不在了。还没吹起床号,他们到哪里去了呢?我披着大衣出去找,真出乎我的意料之外,大家积了好大一堆肥料。我看到同志们那股热火朝天的干劲,既高兴又激动,便立刻拿起工具和大家一起干了起来。乔安山同志一边淘大粪,还一边对我说:"毛主席著作真正好,学了浑身添力量……"吃早饭的时候,大家都对我说:"班长,今后我们要多做工作,别人不爱干的活咱们干。"

打这以后,扫厕所、淘大粪,成了大家的自觉行动。在冬训中,我们班利用课余和假日休息时间积肥三千五百多斤。

1962年1月11日

今天,教员给我们连上了防原子武器一课。……下课后,便立刻组织大家学习毛主席《和美国记者安娜·路易斯·斯特朗的谈话》等文章。毛主席说:"原子弹是美国反动派用来吓人的一只纸老虎,看样子可怕,实际上并不可怕。当然,原子弹是一种大规模屠杀的武器,但是决定战争胜败的是人民,而不是一两件新式武器。"

通过学习,大家提高了认识,端正了态度。……因此在防原子弹操练中,大家干劲十足,信心百倍,操作认真。虽然在零下20多度的野外练习防原子,但没有一个人叫苦的。我看到同志们那种苦练硬功夫的劲头,真高兴极了。

1962年1月13日

今晚,我看到《洪湖赤卫队》电影,感到浑身是力量,我激动的心情像大海的浪涛一样,总也不能平静。

共产党员——韩英同志那种坚强勇敢不怕牺牲的精神给了我莫大的鼓舞和无穷的力量……她在敌人监狱里宁死不屈,并歌唱:"为革命,砍头只当风吹帽;为了党,洒尽鲜血心欢畅。"她这崇高的豪言壮语,深深地刻在我的脑海里。我决心永远向韩英学习,为了党,我不怕进刀山入火海,为了党,哪怕粉身碎骨,我永不变心。

1962年1月14日

在最困难最艰苦的工作中,我就想起了黄继光,浑身就有了力量,信心百倍,意志更坚强……

我每次外出执行任务或在最复杂的环境中,就想起了邱少云,就能严格地要求自己,很好地遵守纪律。

每当我得到福利和享受的时候,就想起了白求恩,就先人后己,把享受让给别人。

当个人利益与国家、党和人民的利益发生矛盾的时候,我就想起了过去家破人亡受苦受难的苦日子,就感到党的恩情永远报答不完。

1962年1月16日

今天下了大雪,刮着刺骨的北风。为了使车辆经常保持良好的技术状态,随时开得动,我和韩玉臣同志,主动到车场保养车辆。双手拿着冰冷的工具,调整和修理铁的机器,的确冷得很,有时手拿着铁的机件,就把手和机件粘在一起了。特别是双手伸到汽油里去清洗机件,更把手指冰得好像针扎一样,我真想去烤烤火。可是,一想起连长在军人大会上的报告:"在三九天里保养车是一个艰巨的战斗任务,过硬的功夫是在冰天雪地里锻炼出来的。"我感到有一股暖流立刻传遍了全身,觉得有了无穷的力量,打消了烤火的念头,继续清洗机件。经过八个多小时野外苦战,终于把汽车保养好了。虽然手冻裂了口子,但是锻炼了自己的意志,提高了技术。

1962年×月×日

学习《论联合政府》

"紧紧地和中国人民站在一起,全心全意地为中国人民服务,就是这个军队的唯一的宗旨。"

我是人民的子弟兵,一定要永远牢记党和毛主席的教导,无论什么时候都要关怀、爱护人民群众的利益,为人民群众的利益而战斗不息。

我们的党、政府和全国人民对革命军人的关怀和照顾是无微不至的。作为一个革命战士的我,是多么的自豪啊!但是我不能骄傲,一定牢记住党和人民对我的委托,努力学习,积极工作,英勇战斗,保持和发扬人民军队的优良传统。

1962年2月3日

今天我一口气看完了《中国青年》杂志上徐老(特立)写给晚辈的几封家信。越看越感到浑身是劲,越看越觉得亲切,越看越想看。特别是徐老说的:"一个共产党员应当什么都知,什么都能,什么都说,什么都干,什么人都交,什么生活都过得下去。"这些话对我来说,是有很大启发和教育的,也是我应当知道的,必须要做的。我要永远牢记徐老这些有益的话,并且要贯穿于一切言论和行动之中,决心把自己锻炼成为一个名副其实的共产党员,为人类作出贡献。

1962年2月5日

今天是大年初一,大家都愉快地欢度新春佳节,有的打球,有的下棋,有的同志上街看电影,玩得够痛快……

我和同志们打了两盘乒乓球,心里觉得有件什么事没做似的。我想了想,每逢过年过节是人们探亲和走亲戚的好日子,这个时候也正是各种服务部门和运输部门最忙的时期,这些地方是多么需要人帮忙啊。

我向副连长请了假,直奔抚顺车站。我刚到,正好一列火车进站,我看到一位老太太很吃力地背着一个大包袱上火车,我急忙跑上前,接过那老太太的包袱,扶着那老太太安全地上了车,给她老人家找了个座位,我才放了心。我要下车的时候,那老太太紧紧地握着我的手说:"你真是毛主席和共产党教育出来的好兵……"

我拿着扫把扫候车室的时候,车站的主任对我说:"你辛苦啦,休息休息吧。"我没有休息,我觉得这是自己应尽的义务。我给旅客们倒开水的时候,他们说:"解放军真好,处处关心人。"我这样做,能使人民群众更加的热爱党,热爱毛主席,热爱解放军,这就是我感到最幸福的。

1962 年 2 月 10 日

我觉得一个革命者就应该把革命利益放在第一位,为党的事业贡献出自己的一切,这才是最幸福的。

1962 年 2 月 12 日

我们的同志不论到什么地方,都要和群众的关系搞好,要关心群众,帮助他们解决困难,团结广大人民,团结得越多越好。

一个共产党员是人民的勤务员,应该把别人的困难当成自己的困难,把同志的愉快看成自己的幸福。

1962 年 2 月 14 日

我今天能够参加团里的党代大会,感到特别的高兴和激动。回顾十多年前,我还是一个穷苦的孤儿,吃不饱,穿不暖,过着饥寒交迫的苦日子。

……自从来了伟大的共产党和英明的毛主席,我才脱离苦海见青天。

伟大的党啊——我慈祥的母亲,是您把我从虎口中拯救出来,抚育我成长。

是您,给了我无产阶级的思想,

是您,给我指出了前进的方向,

是您,给了我前进的动力,

是您,给了我的一切……

敬爱的党——我慈祥的母亲,我只有以实际行动来感恩。

一、坚决听党的话,一辈子跟着党走。

二、刻苦学习,忘我劳动,积极工作,完成党交给我的任务。

三、永远忠于党,忠于人民,为共产主义事业奋斗终身。

1962 年 3 月 2 日

骄傲的人,其实是无知的人。他不知道自己能吃几碗干饭,他不懂得自己只是沧海之一粟……

这些人好比是一个瓶子装的水,一瓶子不满,半瓶子晃荡,可是还晃荡不出来。这有什么值得骄傲的呢?

1962 年 3 月 4 日

我愿做高山岩石之松,

不做湖岸河旁之柳。

我愿在暴风雨中——艰苦的斗争中锻炼自己,不愿在平平静静的日子里度过自己的一生。

1962 年 3 月×日

不经风雨,长不成大树;

不受百炼,难以成钢。

迎着困难前进,这也是我们革命青年成长的必经之路。有理想有出息的青年人必定是乐于吃苦的人。

1962 年 3 月 7 日
我要永远愉快地多给别人,毫不计较个人得失……

1962 年 3 月 9 日
我懂得,一个人只要听党和毛主席的话,积极工作,就能为党做很多事情。但,一个人的力量毕竟是有限的,走不远,飞不高。好比一条条小渠,如果不汇入江河,永远也不能汹涌澎湃,一泻千里。

1962 年 3 月 16 日
我是党的儿子,人民的勤务员。我走到哪里,哪里就是我的家,我就在哪里工作。

1962 年 3 月×日
生活中一切大的和好的东西全是由小的、不显眼的东西累积起来的。

人若没干劲,好像没有蒸汽的火车头,不能动;像没长翅膀的鸟,不能飞。

1962 年 3 月 28 日
我们要真正学到一点东西,就要虚心。譬如一个碗,如果已经装得满满的,哪怕再有好吃的东西,像海参、鱼翅之类,也装不进去,如果碗是空的,就能装很多东西。装知识的碗,就像神话中的"宝碗"一样,永远也装不满。

1962年4月3日

昨天下了一场大雪,今天显得格外的寒冷。吃过早饭,我到团里开会,在路上遇到一个十来岁的小孩,他穿的衣服很单薄,冻得打哆嗦,我看了心里过不去,立即脱下自己的棉裤,送给了他,这时我心里真感到有说不出的高兴。

1962年4月4日

有人说:人生在世,吃好、穿好、玩好是最幸福的。

我觉得人生在世,只有勤劳,发奋图强,用自己的双手创造财富,为人类的解放事业——共产主义贡献自己的一切,这才是最幸福的。

1962年4月14日

我失去黄继光这样一个好的阶级兄弟,心情是万分悲痛的,我的眼泪忍不住地直流。

我是人民的战士,我不能再哭了,我要控制自己的眼泪,我要化悲痛为力量,我要更加坚强勇敢起来,我要刻苦练好本领,我要更高地举起毛泽东思想红旗,坚决革命到底,不消灭帝国主义和一切反动派决不罢休,一定要讨还敌人的血债,坚决为黄继光报仇,为人类的解放事业——共产主义贡献自己的一切。

1962 年 4 月 15 日

《黄继光》这本书,我不止看过一遍,而且含着激动的眼泪,一字字,一句句地读了无数遍。甚至我能把这本书背下来。我每当看完一遍,就增加一分强大的力量。受到的教育也一次比一次深刻。它对我的启发和鼓舞极大。英雄黄继光之所以能为人类的解放事业做出伟大的贡献,是因为他有高度的阶级觉悟,对敌人恨之入骨,对党对人民、对革命事业无限忠诚。

我要学习黄继光那种坚定的无产阶级立场;学习他勇敢坚强的革命意志;学习他的高贵品质;学习他关心别人比关心自己为重,学习他兢兢业业为党工作的精神;学习他勤劳朴实的性格;学习他谦虚好学渴求进步的精神;学习他为祖国人民英勇战斗的精神。

现在我是普通一兵,对党和人民没做出什么贡献,但是我有决心,永远听党和毛主席的话,紧紧跟着党和毛主席走,永远忠于党,兢兢业业为党工作一辈子,老老实实为人民服务,坚决完成继光未完成的事业。我随时准备着献身祖国,必要时我一定像黄继光那样,贡献自己的生命,做祖国人民的好儿子。

1962 年 4 月 17 日

一个人的作用,对于革命事业来说,就如一架机器上的一颗螺丝钉。机器由于有许许多多的螺丝钉的连接和固定,才成了一个坚实的整体,才能够运转自如,发挥它巨大的工作能力。螺丝钉虽小,其作用是不可估量的。我愿永远做一个螺丝钉。螺丝钉要经常保养和清洗,才不会生锈。人的思想也是这样,要经常检查,才不会出毛病。

我要不断地加强学习,提高自己的思想觉悟,坚决听党和毛主席的话,经常开展批评与自我批评,随时清除思想上的毛病,在伟大的革命事业中做一个永不生锈的螺丝钉。

1962年4月19日

我今天看了《在前进的道路上》的电影后,受到了很大的教育。影片中的何局长因居功骄傲,组织观念不强,脱离了党的领导,脱离了群众,光凭自己的主观愿望办事,结果犯了严重的错误。他犯错误的根源是什么呢?主要是违背了毛主席所教导我们的"虚心使人进步,骄傲使人落后"这一名言。因为他骄傲自大,不尊重别人,不深入下层,凭主观办事,因此脱离群众;因为他不虚心学习,政治水平就跟不上形势的发展,对问题的看法和认识就有偏差,其结果必然犯错误。事实教育了我,骄傲是犯错误的根源,是落后的开始。我永远要保持谦虚谨慎的态度,老老实实为党工作。

影片中罗副局长这个人物很好,表现在他政治立场坚定,原则性强,敢于批评斗争,虚心好学,能密切联系群众,对革命事业高度负责。我要永远向他学习,多为党做些工作,为祖国做出贡献。

1962年4月20日

奉军区首长指示,我要去长春机要学校做报告。今天中午12点乘25次快车从沈阳出发。火车上的人很多,我让座给一位老太太坐下,并给她老倒一杯开水。因她老人家没吃午饭,我又拿出自己没舍得吃的面包送给她吃。这位老太太很受感动,紧握着我的手说:"好心呀!好心人!"当时我也很激动,不知说啥好。

我除了照顾这位老太太,还帮助服务员扫车厢、擦车厢,给旅客们倒开水,帮炊事员卖饭……很多人都要我休息一会儿。我想:为人民服务嘛,少休息点又算得了什么呢?我还听到很多旅客同志议论说:"这位解放军同志真勤快,什么都干,累得满头大汗也不休息。"我觉得自己累一点算不了什么,只要大家多得些方便,就是我最大的快乐。

1962年5月8日

今天部队发放了夏天的服装,本来每人发两套军服、两双胶鞋……我想,当前国家正处在困难时期,再说,我们的国家还很穷。可是党和人民对我们却还这样无微不至地关怀,使我从内心感激党和人民的关怀。党和人民对我们这样好,我们也得为党和人民着想。应该积极响应党的号召,发奋图强,自力更生,处处做到增产节约,发扬我军艰苦朴素、勤俭节约的优良传统。

为了和人民群众同甘共苦,减轻人民的负担,共同克服目前的困难,我只领了一套单军服,一双新胶鞋,其他用品少领。以前用过的东西,我都修补好了,继续使用。穿破了的衣服补好了再穿。我觉得就是现在穿一套打补丁的旧衣服,也比我过去披的破烂衣服要好千万倍啊!

1962年5月20日

今天下午我在保养汽车,突然天下大雨。我正在盖车的时候,见到路上有一位妇女,抱着一个小孩,右手拉着一个五六岁的孩子,左肩上还背着两个行李包,走起路来真是很吃力。我急忙跑上前,问她从哪儿来?到哪儿去?她说:"从哈尔滨来,到樟子沟去。"她还告诉我说:"兄弟呀!我今天遭老罪了,带两个孩子,还背一些东西,天又下雨,现在天快黑了,还要走十多里路才能到家,现在我都累迷糊了,我哭也哭不到家呀……"我听她这么说,心里很过不去。我想,毛主席说过,我们的同志无论到什么地方,都要关心群众,帮他们解决困难。想起毛主席的教导,浑身有了力量,我跑回部队驻地,拿着自己的雨衣给那位妇女,我又抱着她的孩子,冒着风雨送他们回家。在路上,我看那小孩冷得发抖,我立即脱下自己的衣裳给他穿上。走了一点四十分钟,终于把他们送到了家,那妇女激动地对我说:"兄弟呀,你帮了我,我一辈子也忘不了啊……"

我对她说:"军民一家嘛,何必说这个啦……"我离开她家的时候,风雨仍然没停,他们都留我住下,我想,刮风、下雨、天黑,算得了什么?一定要赶回部队,明天照常出车。我一边走一边想着:我是人民的勤务员,自己辛苦点,多帮人民做点好事,这就是我最大的快乐和幸福。……

1962年6月25日

我听有些人说:当兵不合算,挣不到钱,不如在家种二亩自留地,既有花的,又有吃的……

我认为这种人对个人利益和集体利益的关系认识不足。俗话说:"大河涨水,小河满;大河无水,小河干。"同样的,只有集体利益富裕了,个人利益才能得到满足,如果没有集体的利益,哪还有什么个人的利益呢?

1962年6月28日

有些人对个人和集体的关系认识不清,因此做工作、办事情、处理问题等,只顾个人,不顾整体。这样就会给革命造成损失,给集体造成不利。我觉得正确认识个人和集体的关系是很重要的。

我认为个人和集体的关系,正像细胞和人的整个身体的关系一样。当人的身体受到损害的时候,身上的细胞就不可避免也要受到损害。同样的,我们每个人的幸福也依赖于祖国的繁荣,如果损害了祖国的利益,我们每个人就得不到幸福!

1962年6月30日

……

我认为,一个革命者,要树立牢固的集体主义思想,时刻都要把集体利益放在第一位。同时还要坚决打消个人主义,因为个人主义对革命不利,对集体有损害。个人主义好比大海中的孤舟,遇到风浪,一碰就翻。

集体主义好比北冰洋上的原子破冰船,任凭什么坚冰都可以摧毁。我认为坐在小舟里摇摇晃晃不好,还是坐在原子破冰船上乘风破浪一往无前为好。

1962年7月1日

今天是党的生日。在这个伟大的节日里,我激动的心啊!像大海里的浪涛一样,不能平静。……

在十多年前,我还是个孤苦伶仃的穷孩子。过去的生活,把我折磨得人不像人,鬼不像鬼,害得我上天无路,入地无门。万恶的旧社会,就是这样的黑暗、无情和残酷。正当我处在生死的关头,来了伟大的共产党和英明的毛主席,把我从虎口中拯救出来,给我吃的、穿的,送我读书,给我带来了无穷的温暖和幸福。党像慈母一样,哺育着我长大成人。是党给了我生命;是党给了我幸福;是党给了我无产阶级的思想;是党给我指出了前进的方向;是党给我开辟了前进的道路;是党给了我前进的力量;是党给了我的一切。

今天,我当了家,做了国家的主人,得到了自由和幸福,内心是何等的感激党和毛主席啊!我时刻都想掏出自己的心,献给伟大的党。

忆过去,我刻骨地痛恨三大敌人。

想今天,我万分地感激党和毛主席的恩情。

望将来,我信心百倍,浑身是劲,坚决要为共产主义事业奋斗到底。

为了党,我愿洒尽鲜血,永不变心。

为了革命,为了阶级的最高利益,我时刻准备着,挺身而出,牺牲自己的一切。

为了人类的解放事业——共产主义,我要献出自己的毕生精力和整个生命。

1962年7月29日

今天,指导员找我谈话。他说:"雷锋同志,你从三月份离开连队到下石碑山单独执行运输任务,工作很积极,政治责任心强,任务完成得很出色,安全行车四千多公里没发生事故,同时还给人民群众做了很多好事。这很好,要继续发扬……不过,现在有人反映,说你和一位女同志谈情说爱,是否有这么回事?你好好谈谈。"

　　从内心往外说,我没有和哪个女同志谈情说爱。指导员提出这个问题,我感到莫名其妙,不知风从何起。首长经常教育我们,无论到什么地方,都要严格要求自己,不要违法乱纪。这些话,我永远也不能忘记,坚决不会明知故犯。

　　我想:自己年轻,正是增长知识的好时候,应该好好学习,好好工作,更好地为人民服务。我还这样想过:我是在党哺育下长大成人的,我的婚姻问题用不着自己着急……

　　现在,有同志说我谈情说爱,没有任何根据,完全是误解。我是个共产党员,对别人的反映和意见不能拒绝,哪怕只有百分之零点五的正确,也要虚心接受。现在有的同志还不了解我,冤枉了我,使我受点委屈。这也没什么,干革命就不怕受委屈。"没做亏心事,不怕鬼敲门",我没有这回事,就不怕人家说。

　　"有则改之,无则加勉。"事情总会清楚的,让组织考验我吧。

1962年8月5日

　　今天是星期日,本来应该休息。可是因为任务重、工作忙,再加上汽车行驶里程到了二级技术保养期间,我想:完成任务要紧,保养好车辆重要,牺牲个人休息嘛,没什么。因此,我还是照常工作。上午调整了汽车各部间隙,换了手制动片。下午送工作组首长到我团工作,一路很平安……

1962年8月7日

　　宁可失掉生命,

不愿失去自由。

宁愿洒尽鲜血，

决不投降敌人。

宁愿折断筋骨，

不作人民的罪人。

1962 年 8 月 8 日

今天给一营二连拉粮食。上午 8 时从下石碑山出车，9 时半左右就到达了抚顺粮站。这趟是副司机开的。因他缺乏驾驶经验，遇到紧急情况，就手忙脚乱起来，因此，轧死了老乡的一只鸭子。我立即叫他停车，向老乡道歉，并给老乡赔偿了两元钱，使老乡没意见，很受感动。

1962 年 8 月 9 日

今天我看了一位科学家对青年讲的一段话，对我的启发教育很大。他说："你在任何时候，也不要以为自己什么都知道。不管别人怎样器重你们，你们都要有勇气对自己说：'我没有学识！'决不要陷于骄傲。因为一骄傲，你们就会固执起来；因为一骄傲，你们就会拒绝别人的忠告和友谊的帮助；因为一骄傲，你们就会丧失客观方面的准绳。"

这些话好得很，我不但要永记，而且要贯彻到言语行动中。

1962 年 8 月 10 日

今天，我认真学习了一段毛主席著作，其中有两句话对我教育最深。主席教导我们说："虚心使人进步，骄傲使人落后。"这是千真万确的真理。过去,我在一切言论或行动中,按主席的教导做了,因此我进步了;现在,我仍要牢记主席的这一教导,坚决努力,要求自己更好地做到这一点。

　　今后,我要更加珍爱人民和尊敬人民,永远做群众的小学生,做人民的勤务员。

知识链接

【永恒的雷锋精神】

一、雷锋生平

雷锋(1940—1962),原名雷正兴,湖南省长沙市望城县(今望城区)人。1949年9月家乡解放后,雷锋在共产党和人民政府的关怀下上了学。高小毕业后,先在乡人民政府当通信员,后调望城县委当公务员。1957年2月,雷锋加入中国新民主主义青年团(中国共产主义青年团的前身)。之后,雷锋的工作几经调动,但始终以饱满的热情和十足的干劲迎接每一次任务及每一个日子,多次被评为"劳动模范""先进生产者"和"红旗手"。1960年1月参加中国人民解放军,同年11月加入中国共产党。

雷锋把毛泽东著作视为"粮食""武器""方向盘",以"钉子"精神挤时间刻苦学习。对共产主义事业无限忠诚,热爱人民群众。他把"毫不利己,专门利人"看作是最大的幸福和快乐,立志"把有限的生命投入到无限的为人民服务之中去"。他谦虚谨慎，从不自满自耀，做了好事不留姓名，受到赞誉从不骄傲。1962年8月15日，雷锋因公殉职。在部队服役的两年零八个月之中，雷锋荣立二等功一次，三等功两次，多次受到嘉奖。他的模范事迹和崇高精神，在全国产生了极大影响。雷锋在中国的文化语境中，已经成了"好人好事"的代名词。

二、老一辈无产阶级革命家关于向雷锋同志学习的题词

　　1. 毛泽东题词："向雷锋同志学习。"

　　2. 周恩来题词："向雷锋同志学习：憎爱分明的阶级立场，言行一致的革命精神，公而忘私的共产主义风格，奋不顾身的无产阶级斗志。"

　　3. 刘少奇题词："学习雷锋同志平凡而伟大的共产主义精神。"

　　4. 朱德题词："学习雷锋，做毛主席的好战士。"

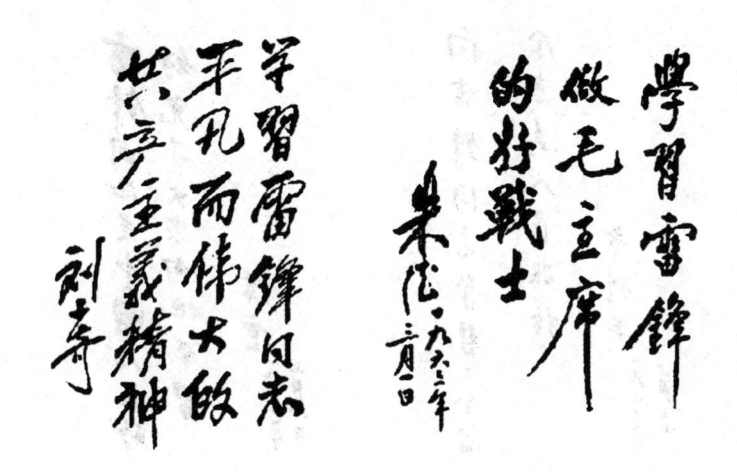

5. 邓小平题词："谁愿当一个真正的共产主义者，就应该向雷锋同志的品德和风格学习。"

6. 叶剑英题词："向雷锋同志学习，全心全意为人民服务。"

7. 陈云题词："雷锋同志是中国人民的好儿子，大家向他学习。"

> 雷锋同志是中国人民的好儿子 大家向他学习
> 陈云 一九八三年七月八日

> 向雷锋同志学习，全心全意为人民服务．
> 聂剑英 一九七七年三月五日

三、关于雷锋的诗歌

雷锋之歌（节选）

贺敬之

你——雷锋！
我亲爱的
同志啊，
我亲爱的
弟兄……
你的名字
竟这样地
神奇，
胜过那神话中的
无数英雄……
你，

我们党的
一个普通党员,
你,
我们解放军中
一个普通士兵。
你的名字
怎么会
飞遍了
祖国的千山万水,
激荡起
亿万人心——
那海洋深处的
浪花层层?……
……从湘江畔,
昨日,
那沉沉的黑夜……
……到长城外,
今天,
这欢笑的黎明——
雷锋啊,
你是怎样
度过
你短暂的一生?

给雷锋叔叔的诗

佚 名

雷锋叔叔,你离开我们已很久很久,但是你的故事像星星一样多,

你背伙伴过河,你扶大娘上火车,

你冒雨送大娘和孩子回家,你到工地去干活,你打扫车站为旅客服务。

啊,雷锋叔叔,你的故事讲也讲不完。

雷锋叔叔,你离开我们已经很久很久,但是你的精神永远留在人间,

我会在公共汽车上给老人让座,我会看见垃圾就捡起来,

我会把零花钱捐给希望小学,我会把摔跤的小朋友扶起来。

啊,雷锋叔叔,我要做的事情还很多很多。

雷锋叔叔,你离开我们已经很久很久,但是你的名字永远刻在我们心中!

【要点提示】

一、"雷锋精神"是什么?

"雷锋精神"是以雷锋名字命名的、以雷锋的精神为基本内涵,在实践中不断丰富和发展的革命精神。其实质与核心是全心全意为人民服务。雷锋在他二十二年的生命历程中,书写了平凡而壮丽的人生篇章,成为践行理想信念的划时代典范。他怀揣着对于党和人民的热爱,与追求实现社会主义的崇高目标,

立志"做一个对人民有用的人";他甘当"螺丝钉",在平凡的岗位上做出了不平凡的事迹;他刻苦钻研,不断学习和提升自我;他把毫不利己、专门利人看做是人生最大的幸福和快乐,把有限的生命投入到无限的为人民服务之中。

随着时代发展的进程,"雷锋精神"早已衍生为一种社会文化,逐步成为中华民族传统美德与社会主义精神、共产主义精神的完美结合;"雷锋精神"已不是个别的、具体的某种美好品质,而是集热爱党、祖国及社会主义的崇高理想,服务人民、助人为乐的奉献精神,言行一致的诚信精神,干一行爱一行的敬业精神,锐意进取、自强不息的创新精神,艰苦奋斗、勤俭节约的创业精神等于一身的、不断丰富和发展着的精神文化和价值追求。

二、如何学习"雷锋精神"?

"雷锋精神"经过多年传承和发展,已逐渐成为内化于人民心中向善的道德力量,和全社会中的一面精神旗帜。然而,雷锋离世的六十年多中,社会生活已然发生了沧桑巨变。在社会环境发生深刻变化的当下,我们应该如何学习"雷锋精神"?习总书记指出:"雷锋精神,人人可学;奉献爱心,处处可为。积小善为大善,善莫大焉。""我们既要学习雷锋的精神,也要学习雷锋的做法,把崇高理想理念和道德品质追求转化为具体行动,体现在平凡的工作生活中,作出自己应有的贡献,把雷锋精神代代传承下去。"

学习"雷锋精神",不应停留于宣传口号,而应落实到实际行动之中;不是在特定纪念日才应该想到去做的事情,而应该成为每一个公民的日常行为。

【学习思考】

1. 你最欣赏的一种雷锋的优秀品质是什么？请说说为什么。

2. 看了本书之后，相信你一定收获特别多，请跟小伙伴讲讲雷锋叔叔的故事。另外，你打算如何进一步向雷锋叔叔学习？请试着谈一谈，并落实到具体的行动中。

（李佳悦　编写）